アンドロイドは人間になれるか

石黒 浩

文春新書

1057

アンドロイドは人間になれるか　目次

第5章　名人芸を永久保存する——米朝アンドロイド

プロローグ

「人の気持ちを考える」

母親が言うに、僕は、人の言うことを聞かない子どもだったらしい。

小学校一年のときは、絵ばかり描いていた。自分の頭の中に浮かんだことを描くのが好きで、授業中も絵を描いていた。三、四年になると、今度は日記を書いた。気がついたことを三日で一冊ぐらいのペースでノートに書いたから、二年間で段ボール二箱分になった。自分を客観的に観察し、表現する力は、そこで養われた気がする。

そんなふうに、教室でみんなと同じことをせず、先生の言うことを聞かず、自分のやりたいことだけをやり好き勝手に振る舞っていたせいか、「同調しないやつ」「空気が読めないやつ」とみなされたようだ。

小学校五年のときに、親だったか先生だったか、大人から「人の気持ちを考えなさい」と叱られた。僕はこの言葉に衝撃を受けた。

人の気持ちを考えなさい

これはいったいどういうことなのか？　僕にはわからなかった。日記を大量に書いていたから、自分がどう思ったか、感じたか、自分の気持ちについては考える癖がついていた。

しかし、「人の気持ち」とは何なのか。

他人の気持ちを想像しろ、とよく言う。けれどたとえば、相手の顔を見て怖いな、怒っているんじゃないかなと想像したのに、実は怒っていなかった。そういうことは少なくない。「人の気持ちを想像する」「人の気持ちがわかる」ことは難しい。

あるいは「考える」とは、何をどうする行為なのか。

みなさんは「気持ち」とは何か、「考える」とは何かを説明できるだろうか？

屁理屈ばかり、と思われるだろうか。

僕は理屈っぽい子供だった。中学のときに、英語の「a」と「the」の違いが分からなくて、先生を一週間問い詰めたこともある。僕が近づくだけで、逃げるようになった教師もいた。

しかし大人たちは「人の気持ちを考えなさい」と言うときには、みな逃げもせず堂々としていたから、「大人になったら『気持ち』も『考える』も、全部わかるのだ」――皮肉ではなくそう思っていた。

だが高校生になっても、疑問はふくらむばかりだった。人とは何か。気持ちとは何か。考えるとはどういうことか。よけいにわからなくなってきた。

僕がいちばんショックだったのは、この難問に、結局だれも答えられない、と気づいたときだ。

こいつら、全然わかっていない

わかっていないくせに子どもにえらそうなことを言っているのが、大人だった。それから僕は「大人を信用しない」と決めた。

ほとんどの大人は知ったかぶりをするだけで、何にもわかっていない。わかったふうなことを言って、折り合いをつけているだけだ。これは僕の好きな作家、カズオ・イシグロも言っている。「大人になるということは、子どものころの疑問に折り合いをつけることだ」と。

しかし僕は、ずっと折り合いがついていない。折り合いをつけて生きている人たちは、違う世界の生き物に見える。僕には「人」も、「気持ち」も、「考える」もわからない。だから「社会」が何かもわからない。わからないところには、出ていけない。僕は一度も社会に出たことがない。まだ大学で勉強している。子どものころの疑問を、そのまま研究にしている。大人になれずに。

なぜロボットを研究しているのか

ではなぜロボットの研究をしているのか。ロボットと僕の永遠の疑問である「人の気持ちを考える」はどう関係しているのか。

僕は絵を描くことが好きなまま、高校では美術クラブに入り、油絵をやっていた。今思えば、絵を通じて「人の気持ちを考える」ことの意味に近づけるのではないかと思っていたのだ。大学三回生までは計算機科学科に籍を置く画学生として、日々を送っていた。

しかしプロの画家としてやっていくには致命的なことに、色彩の認識能力に難があることがわかり、諦めざるをえなくなった。そして僕はコンピュータの勉強をはじめた。

やっていくうち、徐々に人工知能の研究がおもしろくなってきた。絵を描くことに似ていたからだ。

自分の頭のなかでイメージしたことをキャンバスに描くのが、絵である。絵を描くという行為は、思うがままに筆にまかせればいいわけではない。頭の中のイメージを絵にするためには、どんな線が必要で、どんな色、どんなテクニックを使えばいいのか——。これらを考える能力、つまり自分の思っていることを客観的に見る能力が不可欠なのだ。

人工知能も同じだった。自分のなかの「考える」だとか「思う」といった行為を、どうすればコンピュータにもやらせることができるのか。客観的に分解し、設計図をつくることは、絵を描くことに似ていた。僕はその作業に自然とのめりこんでいき、ここを突き詰めていけば「人の気持ちを考える」ことが解き明かせるのではないかと思えてきた。そうして僕は、人工知能研究の道に進むことになった。

研究していると、ひとつわかってきた。

「人の気持ちを考える」を理解するための人工知能を作るには、脳の神経回路を研究し真似しているだけではダメだ、ということである。体なしの人工知能は、ありえない。脳しかない人間は、賢くなりえないのだ。体がなければ何も「経験」ができず、経験がなければば過去の出来事を次の行為にフィードバックすることができない。

たとえば手を刃物で切ってしまった子どもは血を流し、痛みを感じ、泣きながら「今度から気をつけよう」と思うだろう。経験が人を賢くする。そのためには「感覚」が必要であり、感覚で見聞きした情報を使ってみる体がなければいけない。コンピュータの「脳」にあたるCPU（中央演算処理装置）自体を一生懸命見たところで「こいつ、賢いな」と思う人間はいないだろう。手足に相当するマウスやキーボードの操作を通じて、パソコンやスマートフォンが人間には即座にできないこと（検索でもメールでもゲームでもいい、誰もが日常的にしていることだ）を実行し、それがディスプレイに表示されるから「賢い」と感じられる。そもそも目や手足といった感覚器や運動器がなければ、いったい誰が脳に多様な情報を入れることができるのか？　人工知能には、かならず体が必要なのだ。体と心は、密につながっている。

人工知能には動く体が必要だとわかり、僕は身体のある人工知能――ロボット研究に没頭することになった。

僕が目指しているのは、人間らしいロボットの開発である。研究の出発点が「人の気持ちを考える」――つまり人間とは何かを考えることにあるからだ。

それを解き明かすために、人間らしい姿かたちをした「ジェミノイド」や、やわらかいヒト型クッションを抱きしめながら遠隔地にいる相手と会話ができる「ハグビー」をはじめとした、さまざまなロボットの開発を行っている。

僕は、いつか人間を作れると思っている。「人間を工学的に実現する」ことはおそらく可能なのだ。だれもが「このロボットは心を持っている」と思うロボットが実現できれば、それは人間と一緒である。そのロボットはすなわち「人の気持ちを考える」とはどういうことか、そして「人間とは何か」という根源的な問いに対する答えとなる。

つまり、ロボットが「人間の条件」を教えてくれるのだ。


この本では、僕がさまざまな人たちとともに研究開発してきたロボットを紹介しながら、「人間とは何か」を考えてみたい。ロボットはもはや人間と遜色ない存在になりつつある。どころか、人間以上の価値を持つ場面も増えている。そうした事態が、逆説的に「人間固有の価値とは何か」「人間にしかできないことはなんなのか」という本質をあぶりだすのである。

そして、人とロボットはいかなるかたちでともに生活することができるのかについても、考えていきたい。床を走り回るお掃除ロボット「ルンバ」に名前をつけ、ペットさながらに愛好する人間ももはや少なくない。ロボットが人間社会に溶け込み、人とともに生活する時代は、すでに始まっている。

はじめに断っておくが、僕の話に面食らい、受け入れ難く思う読者もいるだろう。このレベルの話ができるのは、たぶん僕の研究室のなかだけだ。毎年それなりの額の研究費が使え、ある程度自由に好きに人間型ロボットを作れる環境は、世界を見渡しても、僕の研究室を含め数はすくない。単一ディレクターの下、六〇～七〇人もの規模でヒト型ロボットを作っている研究室は、おそらくＭＩＴにすらないのだ。国内外の複数の学者から「石黒の作っているロボットは特殊すぎて、費用もかなりかかっていて、真似がむずかしくて、お前の研究結果が正しいのかどうか、検証のための追試ができない」「あそこの研究環境は恵まれすぎている。特殊だ」と言われる。

その最先端の場所にいなければ見えない未来を、僕は語ろうと思う。

ここまで読んで、僕の本を何冊か読んでもらっている勘のいい読者は既に気が付かれていると思うが、この本の文章は僕が直接書いた訳ではない。僕がこれまでに書いた文章と、新たに語った話をライターの飯田一史氏に書き起こしてもらい、話を解りやすく楽しく構成してもらった。最初に原稿を読ませて頂いて、全ては自分の話ながらも、引き込まれるように読むことができた。この飯田氏の構成によって自分の伝えたいことがより解りやすく、より楽しく読者に伝わると確信している。普段の自分では使わない多少誇張した表現もあるが、嘘でない範囲の誇張であれば、無理に修正せずに敢えて残してある。全てを正確に記述することが、必ずしも正確にものごとを伝えることにならないと考えたからである。解りやすい楽しい文章と構成によって、僕が直接執筆した他の書籍では伝えきれなかった「僕」をこの本では、感じてもらえればと願っている。

第1章

不気味なのに愛されるロボット
——テレノイド

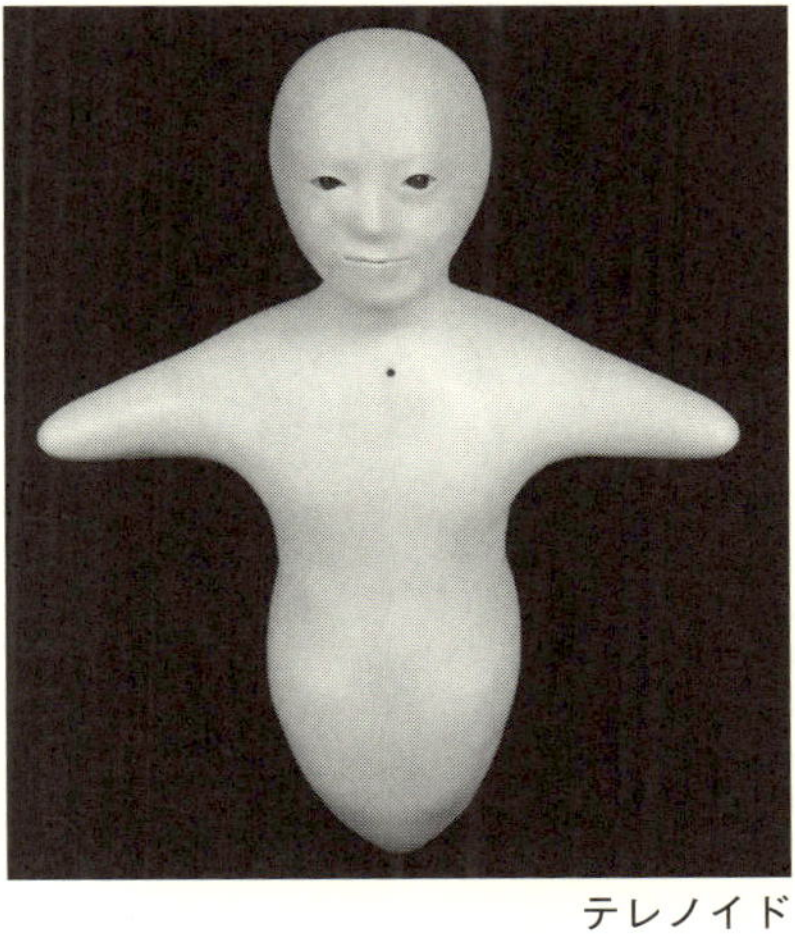

テレノイド

誰もが気味悪がるロボット

僕が作ったロボットで、もっとも「気持ち悪い」と言われるのは、「テレノイド」である。こんな気持ち悪いものを作り、高齢者に抱かせて実験しようなどと考えた人間は、僕のほかにはいないだろう。

テレノイドは、人間としての必要最小限の「見かけ」と「動き」の要素のみを備えた通話用のロボットである。やわらかな形状をした端末を抱えながら、声を通して相手と話す。対話相手の姿を見ることはできない。一方で、テレノイドを操作している人間は、ロボットに付属するカメラで撮影され、向こうからは姿が見えた状態で話をする。

テレノイドが動くのは主に目と首と手のみであり、モータはたった八つしか備えていない。見かけが簡略化されているから、動かす部分もそれに応じて最小限に動かせば良い。もちろん、表情も動かない。

そしてデザインは、人間が対話において最も重視する目を中心に、体の末端に向かうにつれて特徴が消えていくようになっている。一目で「人」とわかると同時に、男性とも女性とも、あるいは幼い子とも高齢者とも見える。明らかに人間に見えるが、具体的な特徴を持っていない。「人との対話に必要な要素だけを備えた人間」がテレノイドなのである。

やわらかく肌ざわりのいい外装と、子どものような小型のボディを採用しており、だれでもかんたんに抱えることができる。これを抱えながら互いに通信し合うと、あたかも遠隔地で操作している知人が、すぐそばにいるような存在感を得られるのだ。

必要最低限の「人間っぽさ」を備えた見た目とはいえ、ほとんどの人がテレノイドを使う前に「気持ち悪い」と言う。開発に関わったスタッフからも、テレノイドのめざすべきデザインがどんなものかを知るやいなや、さまざまな文句がこぼれてきた。

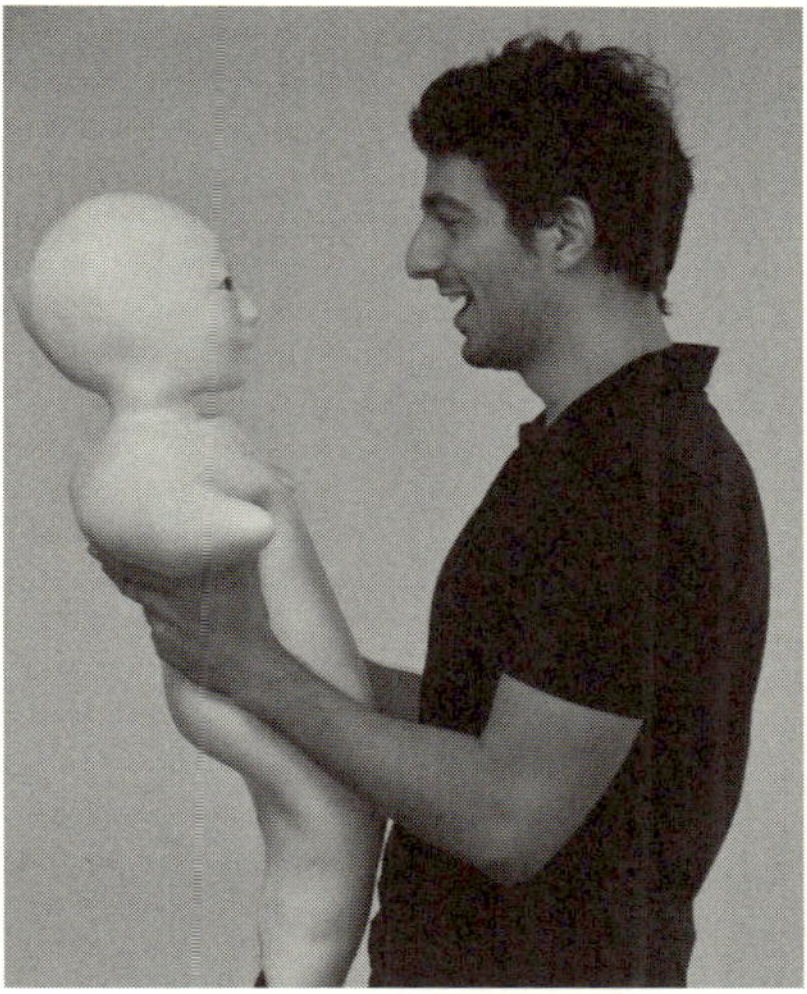
テレノイドと会話する

だから僕はテレノイドのプロジェクトを、なかば暴力的に進めた。他人に説明したところで、僕が検証したい仮説を理解してもらえないだろうと踏んでいたからである。関係する会社や研究室のスタッフを集め、「これから作るロボットに関しては、質問してはいけない。僕が言ったとおりに役割分担して作ってほしい。

質問も意見も許さない。それでもやろうという人だけ残ってくれ」とはじめに言った。でも誰も帰らなかった。僕は「信じてくれ。今回は僕の想いだけで作る」と言い、皮膚や制御ボードを作りはじめた。

しかし完成してみれば、結果、国際的に高い評価をもらうことができた。

高齢者が「テレノイド相手に話すほうが楽しい」

複数の施設の協力を得て実験したところ、高齢者はこのテレノイドでの通信を好み、「生身の人間以上（実の家族以上）に親しみやすい」と評価する傾向が、如実にあらわれた。もちろんそれでも「気持ち悪い」と言う人もいるが、大抵の人はテレノイドを使って通話し始めると、夢中になって話をするようになる。これは日本だけでなく、オーストリアやデンマークなど、さまざまな施設で行ったアンケート調査から明らかになっている。

七〇代〜八〇代の老人たちは、なぜ自分の息子たちとの対面でのコミュニケーションより「テレノイド相手に息子と話すほうがいい」と言うのか。なぜ「かわいい孫やひ孫はまだいいが、五〇代〜六〇代になる自分の子どもには会いたくない、テレノイドのほうがいい」と言うのか。

テレノイドを通じての対話なら、家族が内心抱いている「親の世話をするのは面倒くさい」という雰囲気や、不安が表情に出ることもなく、それが親に直接的に伝わることもない。だから高齢者は「テレノイドと話すほうが快適だ」と言うのである。

高齢者には肉親のみならず、デイケアセンターのスタッフや医者、看護師との会話にも気後れする人が多い。「先生に迷惑をかけてしまうのではないか」といった後ろめたさが付きまとい、医者とあまりしゃべらない人も多いのだという。

ところがテレノイドを渡すと、話が止まらなくなるほど会話を楽しむケースが大半なのである。デイケアセンターでも認知症の治療をする病院でも、重要なのは高齢者自身がしゃべることだと言われている。しゃべることによって、認知症の進行はずいぶんおさまる。また、しゃべることによってはじめて医者や介護者は患者の健康状態や悩みを知ることができる。要介護状態に入らないようにするための予防の方法として、公的なガイドラインでも「話をする」ことが挙げられている。高齢者がしゃべってくれさえすれば、解決する問題は非常に多い。

高齢者向け以外にも、テレノイドを用いたカウンセリングは、人間同士が対面するよりも有効である。たとえばジョブマッチング、仕事に関する相談もそうだ。就職や転職、異動に関する話でも、人間相手ではほとんどのひとは自分の気持ちや能力について、正直に言えない。人間は、常に自分をよく見せようとするからだ。しかしそのひとが本当は何が弱点で、誰が苦手なのかを聞いておかないと、そのあと就いた仕事がうまくいかないケースは多い。テレノイドのように気後れせずに話すことができる端末を使うと、仕事のカウンセリングもうまくいく。ロボット相手ならば、みな正直に話せるようになるのだ。

初見では「気持ち悪い」と言われるテレノイドは、実は高齢者施設やジョブマッチングの場面において、精神衛生のケアに随分と役立っている。

ふたつの「モダリティ」

テレノイドのアイデアは、「万人に受け入れられるロボットのデザインとはどういうものか」を考えていたとき、急に浮かんできたものである。

人間は、あるモノに対して「形とにおい」「形と声」のようなふたつの要素が重なり、つながると「わかった」と思う。

この、人間が何かを認識するのに必要な要素を「モダリティ」という。

モダリティとは、簡単に言えば知覚のことだ。視覚、聴覚、触覚などの感覚をもちいて外界を知覚する手段のことである。また、こうした感覚に働きかける情報伝達手段も指す。

たとえばホワイトボードに書くためのマーカーを例に出してみよう。マーカーについて「それ、知ってる」と人が言うときには、その形からインクで書ける機能を思いだす（形＋機能）か、あるいは、その形を見て「インクがくさいやつだ」と思いだす（形＋におい）。このように、ふたつ以上のモダリティがつながると「わかった」という気分になる。これは脳科学でわかってきたことである。

形だけを見た場合、においだけをかいだ場合には、脳はそれほど反応しない。ひとつだけでは反応しないのに、ふたつ同時に与えて観察すると、大きく反応が見られるのだ。「形」や「におい」というひとつのモダリティに対する反応をそれぞれ足し算するよりも、ふたつ同時に与えた場合には、純粋な足し算の三倍か四倍ぐらいの反応が生じる。なぜ脳がそのようなしくみになっているのかについては、まだわからないことが多い。しかし、ふたつの表現がつながったとき、人間が強く反応することはたしかなようである。

つまり、最低ふたつのモダリティが結びつけば、他者の存在も「わかった」ことになる。人間を認識するためには「姿かたちとにおい」だとか「外見と声」という要素があれば十分なのだ。先に説明したように、テレノイドは「外見と声」だけで構成された端末である。

実は、テレノイドを作る前に、特定の人間の「外見と動きと声」を再現した、もっとモダリティの多いアンドロイド「ジェミノイド」を作っていた。

たとえば僕を再現するようにつくった〝HI〟シリーズや、ある美女を再現するようにつくった〝F〟だ。

しかし、僕は人間の振る舞いを完全に再現するジェミノイドから「引き算」をしたテレノイドをあえて作った。なぜ「外見と動きと声」から「外見と声」だけにモダリティを絞ったほうがコミュニケーションツールとして優れたものになると思ったのか？

それは、より多くの「想像の余地」をつくったほうが相手に親しみを与えやすいからだ。

人間らしさと「不気味の谷」

テレノイドとは対極にある、より人間に近いアンドロイドを作ろうとするとき、陥るのが「不気味の谷」という現象だ。

それについて語るためにも、ここで簡単に「ロボット」と「アンドロイド」の違いについて、用語の整理をしておこう。

「ロボット」は、見かけからして機械然としているものである。コンピュータにセンサとアクチュエータ（駆動装置）がついていれば、なんでもロボットだ。

対して「アンドロイド」は見かけが人間そっくり、ただし中味は機械の「人間酷似型」のもの（見かけだけだと、人間かどうか区別つきにくいもの）を指す。

その中間のようなものが「ヒューマノイド」だ。手足がある、顔があるといった、擬人化しやすい「人間もどき」、それなりに人間っぽいものを指す。たとえばドラえもんはヒューマノイドではあるが、アンドロイドではない。見かけが完璧に人間ではないからだ（キャットロイドと言ったほうが、いいのかもしれない）。

僕の研究は、カメラと移動台車がいっしょになった「ロボット」に始まり、次にヒューマノイドをつくり、アンドロイドをつくり、いまではすべてを扱うようになっている。

さて、ロボットのなかでも「アンドロイド」に見られる「不気味の谷」現象とは何か。アンドロイドの見た目や動作といった「人間らしさ」がある一定以上になると「人間に似ているけれど、何か違う」と違和感が生じ、人に嫌悪感を与えてしまう。そしてさらにアンドロイドの「人間らしさ」が人間と見分けがつかなくなるくらいにまでなると、アンドロイドに対する印象はふたたび好感に転じ、親近感を覚えるようになる。この現象を

「不気味の谷」と呼ぶ。ロボット工学者の森政弘先生が提唱した概念である。

不気味の谷が起こる理由は何か。私の信じる有力な仮説は「側抑制」である。

側抑制とは、人間の脳のもっとも基本的な機能である。たとえば、紅白に塗られた布があったとしよう。われわれの網膜は、赤から白への変わり目、その差異を検出する。色が変わる「境界」にとくに反応するようにできている。顔の認識においても同じだ。よく似た人であっても、敏感に僕らは見分けることができる。ごく簡単にいえば、こうした「ちょっと違う」ところを見つけるのが側抑制という効果である。アンドロイドに対して「不気味の谷」現象が起こるのは、人間とそれ以外を区別するときに現れる側抑制効果からなのだろう。

いずれにしろ、アンドロイドは、見た目、動き、声……これらのなにかひとつが「違う」と思われると、すぐに不気味の谷に落ちてしまう。とくに、特定の人間にそっくりなアンドロイドが出てくると、ひとはいちいち細かく注意して眺めてしまうのだ。「アンドロイドのほうが、目が大きい」とか「モデルになった人間のほうが、シワが深い」とか、そんなところばかり見てしまう。見た目が人間らしいと、人間と違うところを探そうと観察してしまうのだ。これは言いかえれば「観察する」というかたちでロボットと関わっているということになる。

ジェミノイドを例にあげれば、見かけについてはモデルの顔の型（三次元のスキャンデータ）をとり、そこから精密に顔の形状や体の構造を再現することで、人間そっくりの見かけを作っている。動きについては空気アクチュエータを使い、人間そっくりの動きを再現している。

空気アクチュエータを使う理由は二つある。ひとつは静かだからだ。一般的にロボットに使われているDCサーボモータにはギアがあり、動くとギアの音がして人間らしくなくなってしまう。しかし空気アクチュエータの場合、空気が抜ける音を消す「ディフューザ」という装置をつければほとんど無音になる。

もうひとつの理由は、細い腕にたくさんのアクチュエータを埋め込むには、電気で動くDCサーボモータは大きすぎるからだ。空気アクチュエータは外部に空気のポンプがあり、そこから空気を供給する。ゆえに腕に何本もアクチュエータを埋め込み、人間らしい動きを作るということが比較的簡単にできる。

さらに、アンドロイドをより人間らしくするためには「無意識的な動作」と「反射的な動作」を再現しなければならない。人間は、座っていてもつねに目や体が少しずつ動いており、止まることがない。こうした無意識的な動作がない（＝止まっている）と、死人のように感じられ、われわれはすぐ「人間らしくない」と気が付いてしまう。また、「触ったら反応する」というような反射的な行動も重要である。これには、ピエゾ（圧電）のフィルムをシリコンではさみこむことで、感度が人間並みに高く、やわらかい皮膚を実現している。

こうしたもろもろをクリアしてやっと「観察」されても違和感の少ないロボットが実現できる。

アンドロイドも「見た目が9割」

人との関わりにおいて、ロボットの「見かけ」は、「動き」と同様に重要である。ロボットの見かけが悪ければ、人はそのロボットと親密に関わろうとはしない。

しかしテレノイドは、人間が「観察する」という関わり方ではなく、「想像する」ことで接するロボットを目指した。特定の人間をモデルにしたジェミノイドや、あるいはテレビ電話に比べれば、目鼻があるだけで表情も変化しないテレノイドを使ったコミュニケーションでは、対話相手のビジュアル面での情報量は無いにひとしい。

こうしたコミュニケーションでは人はアンドロイドに「観察する」という関わりかたはできず、「想像する」というもうひとつの関わりかたが要求される。テレノイドを使うとき、利用者は端末から聞こえる声を通じて、目に見えない通話相手の姿かたちを思い浮かべる。ラジオや電話から聞こえる音声から、話している人の容姿を想像するのと同じである。

先ほど「あるものごとを認識するには、ふたつのモダリティが必要である」という話をした。ラジオや電話のように声だけの装置でも、こうした想像力は働く。しかし、声一つだけのモダリティでは、相手の「存在感」までは得られないのである。

声に加えて「目の前にだれかが存在する」「ここにひとがいる」という感覚をもたせるためのひとつの答えは、人間らしい「見た目」をもたせることである。「人は見た目が9割」という俗説は、ある意味では当たっている。僕らはさまざまな感覚器を用いて観察をするが、どれだけの情報をどの感覚器から得ているかといえば、視覚が9割なのだ。残りが声や触覚からなのである。だから僕はテレノイドに「見た目と声」をもたせたのだ。

しかし人間は、相手の見かけを十分観察し、「このひとはこういうひとだな」とわかると、そのあとはあまり話を聞かなくなる。想像がストップしてしまう。そこまでの印象がポジティブであればそのあと何をしゃべっても基本的にはポジティブだが、そこまでがネガティブであれば、そのあとは何をしゃべってもネガティブな印象になってしまう。

つまり、相手に存在感を強く印象づけつつ、想像をストップさせずにゆたかに働かせるためには、「見かけはあるが、具体的ではない」方がいい——このふしぎな状態を実現させたのが、テレノイドなのである。そしてそれに気づいたのは、人間そっくりのジェミノイドを使った実験がきっかけだった。

美人は「想像の産物」

あとで詳しく紹介するが、ジェミノイドFはきれいな顔をしている。

きれいな顔とは、どんな顔か。答えはさまざまな実験から明らかになっている。左右対称で、大人にも子どもにも見える。これが美しい顔である。

ジェミノイドFの顔は、ある成人女性をモデルにつくられたが、美しい顔をそなえている。そして、Fをよりきれいに、究極まで要素をそぎ落としたものがテレノイドである。散々「気持ち悪い」と言っておきながら、なんだそれは、と言われそうだが、具体的な特徴がないために逆に想像力がかきたてられ、かぎりなく魅力的に見えてくるのだ。

言いかえれば美人とは、見た者に想像をうながすから美人なのだ。

そもそもジェミノイドは、「ロボットの見かけは、ロボットらしいまま（機械然としたもの）でいいのか」という疑問から生まれたものだった。それまでロボット研究では、見かけや動きの研究はほとんどされておらず、実験も少なかった。われわれは「もっと人間らしくしたほうが長く関われるのではないか」「人間らしくしてしまうと、接することに躊躇するかもしれない」などといったことを議論しながら、さまざまなデザインを試していった。アニメふうの顔にしてみたり、いわゆるロボットのイメージに近い顔にしてみたり……。だが、ひとによって好みが違うことも、また問題になってしまった。それを解決し、見かけの問題について科学的な研究を行うには、いちど人間そっくりな「見かけ」のロボットをつくり、その意味を考えるところ

ジェミノイドF

からスタートすべきではないか――そうして生まれたのがジェミノイドだった。

Fをつくる以前、僕は自分の娘をモデルにした、子ども型アンドロイドなどを作っていた。それらと比較したときに、Fの強烈さに気がついたのである。ほとんど同じ技術を使っているにもかかわらず、Fの表情の変化は、ほかのアンドロイドよりも大きく見えたのだ。少し唇をつり上げて微笑ませるだけで、ものすごく微笑んでいるように見える。少し眉をしかめさせただけで、ものすごく嫌そうな顔に見える。動作の量や使っている技術が同じだとすれば、これはそもそもその顔が受け手の想像力をどれだけ働かせるものなのか、ということにしか違いはみいだせない。

美人は、見た者に想像の余地を残す存在なのである。顔やスタイルが整っている美形の人間に対し、しばしば「話し方を見て幻滅した」などと思うのは、想像の余地が減るからだ。

人は普通、ポジティブな想像をする。「こうだったらいいな」という理想の状態を想像するものである。ネガティブな情報や、凡庸な部分が開示されているくらいなら、想像の余地がたくさんあるほうが、魅力的に映るのだ。

最近になって開発したタレントのマツコ・デラックスさんのアンドロイド「マツコロイ

ド」にも「想像によって関わる」ことに関するエピソードがある。

なぜ「マッコロイド」を囲んでしみじみしてしまうのか

テレビ番組『マツコとマツコ』の企画で、ミッツ・マングローブさんをはじめとするマツコ・デラックスさんの友人たちを集め、マツコさんを「再現」したアンドロイド、マツコロイドを囲んで語らせたときのことである。友人のアンドロイドを前にしたミッツさんたちは「遺影みたい」などと言いながら、みなふだん以上に正直になり、マツコさんについての思い出語りを始めた。マツコさんは「みんな悪口を言うだろう」と思っていたようだが、正反対の結果が出た。褒めちぎり、まるで故人を偲ぶ通夜の席のような、しみじみとした空気が流れたのである。

むろんこうしたことは、友達のアンドロイドを目の前にしているかどうかが大前提である。本当に嫌いな相手であれば、おそらくアンドロイドであろうと悪口を言うだろう。怒りの対象であれば、ボコボコに殴って壊してしまったかもしれない。

しかし親友ともいえるひとたちがマツコロイドに対面している状態は、「しゃべれなくなったマツコ」が目の前にいるようなものである（「いつかマツコもこうなるのかしら」

と嘆く友人もいた)。たとえば寝たきりになっている親友に、悪口を言う人間はいないだろう。反論できない相手を悪く言うはずがない。同様に、目の前にいるアンドロイドがしゃべらずとも、強い存在感があれば、友人たちはそれを見ていろいろ思い出すのだ。むしろしゃべらないからこそ想像の余地が生まれ、見た者は想像をポジティブに働かせる。

人間は、自分にとって足りない情報は、プラスの方向に補完する傾向にある。マイナスに補完することは少ない。

同じように、テレノイドを使っているひとたちは、テレノイドのニュートラルな外見から、いわば自分の都合のいいように自分が好きなひと、話したいひとを想像したり、優しい表情を思い出して語りかける。

このことは、アンドロイドを例に出す必要すらない。たとえば見知らぬ異性から感じのいい声で電話がかかってきたら、それが不細工な悪人からかかってきたとは思わないだろう。顔の知らないラジオパーソナリティや声優の声を聴けば、だいたい美人かハンサムに思えるものだ。

もしネガティブな連想しか浮かばなければ、そのひとはうつ病をはじめとする精神疾患の疑いがある。たいていの人間は、何かを想像するときには自分にとって都合よく、ポジティブに考える。

このように、人に「想像」させる余地を作ることが、人間らしいアンドロイドの要素だと気付いた。

デンマークの医療現場から

そのようにして生まれたテレノイドは、デンマークでは国家プロジェクトにも参画している。実際の研究開発はATR㈱国際電気通信基礎技術研究所）の西尾修一主任研究員と山崎竜二研究員が中心になって取り組んでいる。

患者の在宅治療を行うにはどうすればいいかを考える「Patient at Home」というものである。北欧では家庭を大事にすることから、生活してきた環境のなかでケア——とくに認知症治療——に取り組むのが適切だとされている。今まで長い時間を過ごしてきた、慣れた環境のなかでゆっくりと、さまざまなことを思い出しながら治療を進めることが理想なのだ。しかし、デンマークには一人暮らしの在宅治療高齢者が多く、電話でのコミュニケーションだけでは情報伝達はできても、「寂しい」という声が多かった。

そこでテレノイドを使ったところ、高齢者たちは対話相手の存在感を強く感じ、寂しさがまぎれたようだった。

「テレノイドを用いれば、人の存在を腕の中に感じながら生活できる」。そういった評価をデンマークの地方自治体の施設からはいただいている。テレノイドは、ひとり暮らしの高齢者とボランティアや医者との間の通信用メディアとして、非常に期待されるものとなった。

人間は子どもだけでなく、大人になっても、ひとりでいることに不安を覚える。誰かと話をしたい、誰かといっしょにいたいという思いは、誰もが少なからず持っている。そういったときに、適切な存在感を持ちながら相手をしてくれ、パートナーになってくれる。そういったロボットが開発されれば、必ずや人間社会の中で、なくてはならないものになるだろう。

テレノイドや次に紹介する「ハグビー」は、それを目指したものである。

「ハグビー」を抱いて落ち着きのない子が静かになった

ハグビーは、ビーズクッションに携帯電話をさしこみ、抱きかかえた状態で対話する抱き枕型の通信メディアである。

ザワザワしている子どもたちにハグビーを与えると……

一瞬でこの通り静かに！

クッションの内部にはバイブレータをそなえており、相手の声の大きさとシンクロし、振動によって、生きものらしさや通話相手の感情などを効果的に伝えることができる。使用時にはテレノイド以上に相手を抱きしめている感覚が得られ、しかも、抱きかかえた状態で自分の耳元から相手の声が聞こえてくるようにデザインされている。

テレノイドは「見た目と声」というふたつのモダリティにうったえかけるものだった。ハグビーの場合は「触感と声」である。ハグビーには、抱き心地（触感）と音声通話機能（声）しかない。こちらも使う前には、ひとびとに奇妙な印象を与える。しかしそれでもひとたび使ってみれば、強烈に相手の存在を感じ、ハマってしまう。

ハグビーは形や大きさ、重さに徹底してこだわっている。赤ん坊を抱きたがる人間は多いが、ハグビーはまさに赤ん坊をだっこし、頭をくっつけて対話しているような、あの感じに近いものをめざしてつくられている。抱いた赤ん坊にネガティブな印象を抱く人間は少ないだろう。ハグビーもまた、対話相手に好意的な印象を抱かせるようにできている。

ハグビーの使用者の血液や唾液を検査した結果、明らかになったことがある。携帯電話とハグビーの使用時を比べると、ハグビーのときだけ利用者のコルチゾールが減るのである。コルチゾールとは、わかりやすく言えばストレスホルモンだ。コルチゾールが減るということは、言いかえれば、安心感が増しているのだと解釈できる。だから、ハグビーの実用化が進めば、ストレスに弱い精神病患者が投薬なしに治療できる、ないしは他者とのコミュニケーションが円滑に取れるようになる可能性もある。

ハグビーを用いて、ざわついている小学校一年生を相手に紙芝居の読み聞かせをする実験を、ATRの住岡英信研究員と行ったことがある。小学生たちは、幼稚園までは大事にされていたのにとつぜん窮屈な集団生活を強いられるようになり、人恋しくなっている。だから従来では、読み聞かせの時間であっても教室のうしろにいる子どもたちは先生の話を聞かず、おしゃべりをしたり、いたずらをしあっていた。先生の近くにいる最前列付近の子どもしか、きちんと話を聞いていなかった。

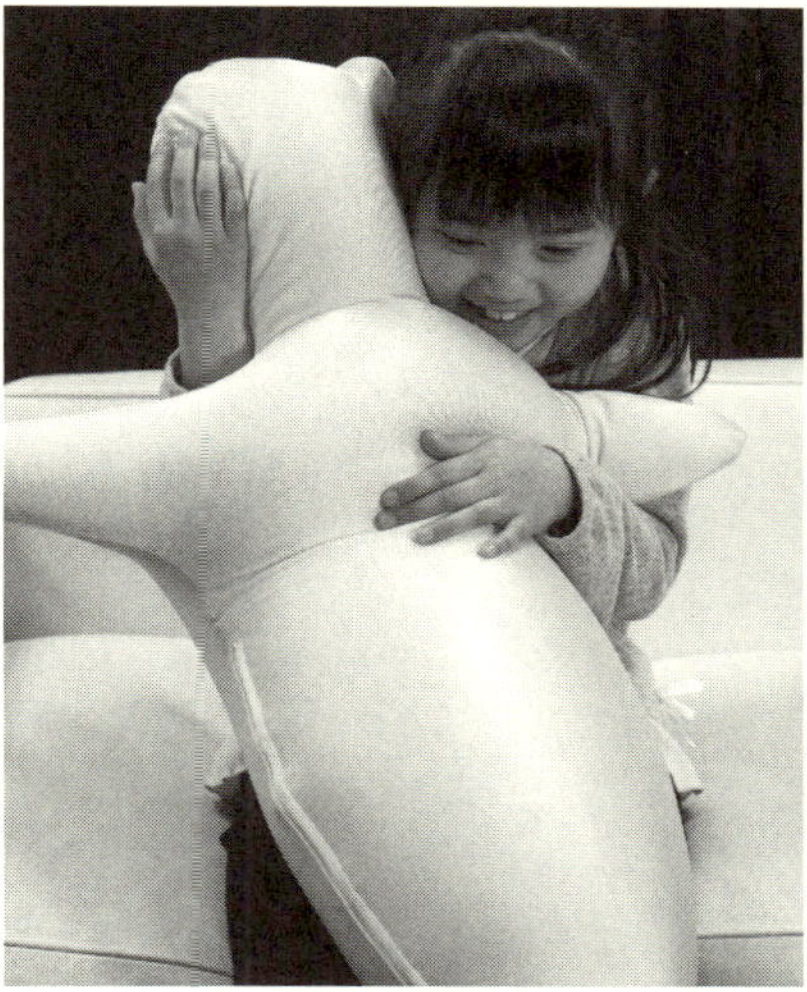
ハグビーを抱く子ども

しかし子どもにハグビーを抱かせ、ハグビーから読み聞かせの声が聞こえるようにするとどうなったか。一時間近く、子どもたちは静かに、真剣に先生の話を聴くようになったのだ。おしゃべりをする子も、いたずらする子も、魔法のようにいなくなった。

先生の声を地声ではなくマイクを通じて話しかけるようにしても、子どもの前に先生の姿を中継するテレビモニターを置いても、こうした効果は得られない。しかし、自分が抱いているハグビーから先生の声が聞こえるようにしただけで、子どもたちは先生の存在感を強烈に感じ、安心して聴くようになったのである。子どもがなぜそれまではじゃれあったりしていたかと言えば、人の存在に飢え、他者の存在を探してもがいていたからだ。それがハグビーを与えると、宗教団体のセミナーかと見まがうばかりに無駄な動作がなくなり、すべての子どもが集中して読み聞かせの授業を受けるようになったのだ。

子どもたちはハグビーから聞こえる声と触感によって、おそらくはお母さんに抱かれたときのように安心し、落ち着いて話に集中できるようになるのである。

ほかにも、一歳半の子どもの寝かしつけに使ってみたこともある。子どもにはハグビーを抱かせて横に寝てもらい、ハグビーからお母さんの声が聞こえるようにした。するとお母さんが台所で仕事をしながら何か話しているだけで、子どもはハグビーからその声を聞いて、すやすやと眠る。「お母さんがそばにいない」と感じてグズったりはしないのである。ぬいぐるみを抱いて寝かせても、スマホを子どもの横に置いて話しかけても、こんな効果は得られない。

「抱いている感覚と声」という組み合わせが重要なのだ。声でなくても、においでもいい。僕らはハグビー以外にも「見かけと触感」「においと触感」「声とにおい」など、さまざまなモダリティの組み合わせで実験をしている。女性の場合は「声とにおい」も有効だ。スピーカーから声が聞こえるようにし、そのひとが使っている香水を同時に用いると、あたかも本当に目の前にいるような感覚になる。しかしもっとも技術的に簡単で、もっとも与えるインパクトが強いのが「触感と声」である。肌と肌が接触し、耳元でささやかれている感じがすることは、強烈な存在感を与える。

恋愛成就にも一役買う

では、それぞれにハグビーを抱いた男女を別々の部屋に置き会話させると、どうなるか。お互いに抱き合って話しているような感覚になり、コルチゾールが急激に減って、おどろくほどの速さで親密になってしまうのだ。このことは、ATRの住岡研究員と、大阪大学の中江文特任准教授によって確認された。この実験は何度も行っているが、三〇分間別室で、互いの姿も見えない状態でハグビーを通じて会話しているだけなのに、たいていの被験者は終わったときにはゆでダコのような興奮状態になって出てくる。三日も使わせると、二人の間の壁が崩れ落ちてしまうこともある。ハグビーの使用を終えたあとで恋愛関係に発展してしまったケースは、一組や二組では済まない。むろん僕らは、とくに親密になるように差し向けていない。「恋愛に関することを話せ」だとか、ましてや「口説け」などとは指示していないにもかかわらず、だ。

ハグビーは人間を抱いているような心地よさが加わっていることもあり、想像が強烈にポジティブにはたらくのである。直接的に人を感じながら生活をしていくことは、人間にとって非常に重要なのだ。

これが、ハグビーに人々が引き寄せられてしまう理由である。

むろんこれは、嫌いな人とはやってはいけない。嫌いな人と抱きしめあうと、よけい嫌いになる。気持ち悪くなってしまう。しかしながら、好きな人、少なくとも嫌いではないよく知っている相手であれば、抱きしめあって話をすると、強い安心感を得られ、非常にいい対話がうまれることが確認されている。

テレノイドやハグビーの実験から、何が言えるだろうか。

「人の気持ちを考えなさい」という問いに立ち返ってみよう。

対話しているときに感じる「相手の心」とは、「想像することで関わる」ことから生まれている。心とは、想像の産物なのである。心は、歴然と実体的に存在しているものではない。心が本当にあるかどうかなど、誰にもたしかめようがない。われわれは「心があると『感じる』」にすぎないのだ。テレノイドやハグビーのように、特定の人間としての特徴がない人間型メディアを使ったほうが、直接に対話する以上に、むしろ相手の心があるように感じられやすいのである。

まだ納得がいかないだろうか。では今度はアンドロイド演劇の話をしてみよう。

第2章 アンドロイド演劇

世界初のアンドロイド演劇

劇団「青年団」主宰の平田オリザ先生が作・演出を手がけた二〇〇八年の『働く私』以来、僕らはロボットやアンドロイドを使った演劇に関わってきた。やればやるほどおもしろく、大きな刺激を受けている。

ロボットを作る側にとっては、演劇で学ぶことは非常に大きい。認知科学や心理学をいくら勉強しても、人とかかわるロボットが日常のどういった場面、どういった状況、どういった目的において、どう目を動かせばいいのか、どう立ち位置を取ればいいのかは、わからない。状況に応じて人間らしく振る舞う方法は、専門書にも正確に記録されたり、記述されているわけではない。認知科学や心理学、脳科学で行われている「人間らしさ」の研究は、実験室の中で行われ、日常生活のさまざまな条件や環境を一切排除した、統制された実験のなかで調べられている。それゆえに、日常生活のよく起こりうる場面においてどうアンドロイドをふるまわせると、より人間らしくなるのかに応用するのは、むずかしい。ロボット工学者が実用的なロボットを作るのにほしい知識は、実のところ非常に少ない。

しかしながらロボットを演劇に使ってもらうことで、日常生活の現実的な場面でどう動けばより人間っぽくなるのか、その知識がふんだんに得られることになる。

演劇は映画と違って銀幕のなかではなく、目の前の空間で起こるものである。演劇は、現実と架空の世界の狭間にあるのだ。そこで十分な経験を積ませることは、ロボットが一般的な社会に出るための準備として、重要なのである。

「人生は演劇の積み重ねだ」とも言われる。人間は幼少の頃からさまざまな場面でたくさんの人と関わりながら、場面場面で振る舞い方を勉強し、記憶していく。田舎で生まれれば田舎のクセ、田舎の文化が織り込まれていく。都会で生活すれば、都会の文化になじんでいく。われわれは、シーンごとにふさわしいしゃべり方を覚え、いわば小さな演劇をいくつも学ぶことで成長し、他人に失礼なことをせず適切に振る舞えるようになっていく。それが「人は成長する」ということなのであれば、アンドロイド演劇を経験しているアンドロイドも、人間と同じように経験の積み重ねを始めていると考えることもできる。どういった場面で、どういうしゃべりかたをするか——これらのデータを集めていけば、ロボットはより自然に人間と話をすることができるようになる。そうして自然な話ができれば、人はそのロボットに心を感じることになるだろう。

オリザ先生が手がけた、二〇一五年時点での最新作『アンドロイド版「変身」』は、カフカの『変身』を原作に、主人公が目覚めると虫ではなくアンドロイドになっていた、というシチュエーションから物語が始まる。

主人公は慌てふためきながら、家族と対話していく。そのうちにまず妹が「これはお兄ちゃんだ」とだんだん認めるようになる。最初は「誰かがいたずらして遠隔操作をしているんだろう」などと疑う。だがいくら調べてもそんな根拠はみつからない。そこに、その家に下宿している医者が登場する。その家では、この医者から家賃を取らなければ生活が苦しい状態にある。しかしその脳外科の医者は「息子がロボットになってしまった」と話す母を見て「精神障害だ」と言い出す。家族は「こんな医者に部屋を貸すのをやめよう」と決める。しかし部屋を貸すのをやめると、今度は家計が苦しくなり、ご飯を食べられなくなる。ロボットになった息子は「もう電源を切ってくれ」と言う。自分が一家の家計を、精神を苦しめる存在になっているからだ。だがその時点で家族はもうすでに、ロボットになった主人公を家族として扱っている。だからスイッチを切って止めることはできない。

こんな光景は、遠い未来の話ではないかもしれない。

人間らしくない身体や表情が、より人間らしい？

この演劇に出てくるロボットは、能面のように無表情である。しかし、観た者はロボットが複雑な表情をしているように感じる。もちろんこのロボットはプログラムに合わせ、脚本に合わせ、役者と会話しているかのように見せているだけだ。だが、とても感動的なのである。この中途半端で人間らしくない身体、人間らしくない表情が、そうであるがゆえに、よけいに人間らしく感じられるのだ。

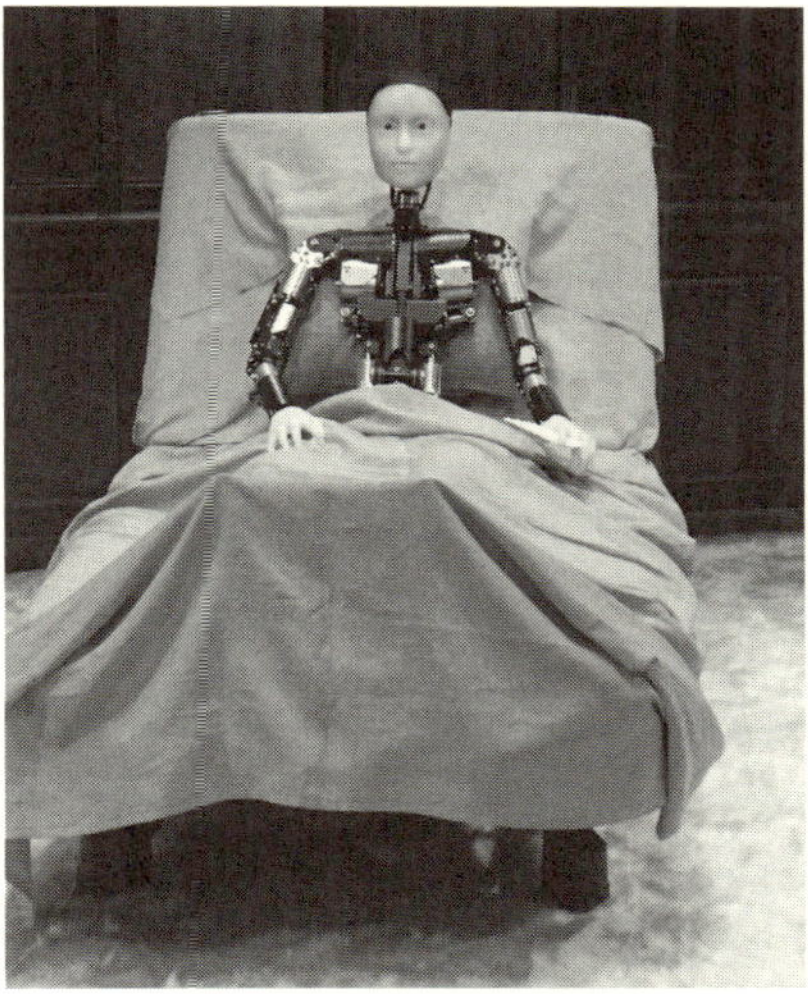

アンドロイド版『変身』

テレノイドやハグビーと同じだ。人は想像によって相手を補って関係する。観客は無表情なアンドロイドの発する声から、彼の心を想像する。すると、本当に泣いたり笑ったりしているように見えてくるのだ。アンドロイドの顔の物理的な特徴はなにひとつ変わっていないにもかかわらず、そう思えるのは、受け手の想像力が勝手に「人間っぽさ」を補完しているからである。アンドロイド演劇は、テレノイドやハグビー同様に、人間の「心とは何か」ということを示唆している。

演技をするロボットのなかに、心のメカニズムがあるのではない。心とは、他者との関係性のなかで「感じられる」ものだ。心は、見る者の想像のなかにある。見る側の想像をどれだけ豊かにするかが、ロボットに心があると思わせるかどうかを決めるのだ。それが、これからのロボットがひととかかわれるかどうかを左右する。

心に実体はない。実体がないのに「あるように見える」のは、複雑さを感じさせるからである。ロボットにしろ人間にしろ、ある程度以上に機構が複雑になると、なぜそれが動いているのか、いかにしてこんな動きをしているのかがわからなくなる。だから、そこに何かがある、と思いたくなるだけなのだ。

ロボットのなかに心があり、意思があると感じた例を他にもひとつ紹介したい。

研究室のロボットが突然しゃべった

僕の研究拠点であるATRの知能ロボティクス研究所ではじめて「ロボビー(Robovie)」というロボットを作ったときのことだ。

ロボビーの研究を先導していたのは、ATRの神田崇行主任研究員である。僕は当時研究室の学生だった神田主任研究員に「一日一個ロボットを動かすプログラムを書け。合計で三〇〇個書け。可能なプログラムはすべて書いてしまえ」と指示した。通常、ロボットに対するプログラミングは、センサから取得した情報に応じてロボットが何らかの反応をするようなものを作っていく。たとえば「障害物を察知したら避ける」といった具合のものである。しかし、僕はロボビーがもっと適当に、意味のない動きも含めてさまざまな行動を取るようにしたのだ。三〇〇以上の動作プログラムをし、動作パターンが次々にどういう順番で発現するかというルールを七〇〇以上プログラムした。その結果、複雑に、多様に動くロボットが実現された。ここまでやると、自分たちでもプログラムがどう作用するかわからなくなる。何に反応して、どんな

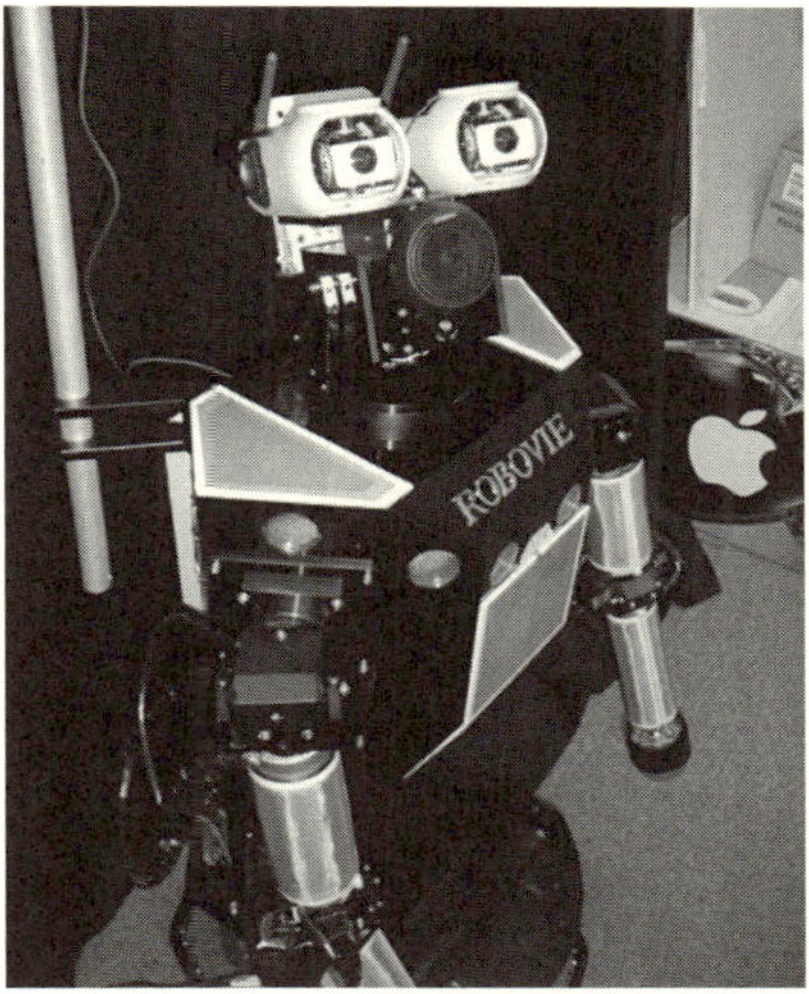

ロボビー

行動をするか予測不能になった。

そんなプログラミングをしておいたロボビーを研究室に置いていたら、何が起こったか。僕らがミーティングをしているとき、突然ロボビーは僕らの音声を認識し、

「そうではないよ」

と言って手をぶらぶらさせながらどこかへ向かって歩きだしたのだ。それを見て僕らは呆気にとられながらも、ロボビーに意思を感じてしまった。僕らの話を聞いていて、彼はいいところがあり、だからどこかへ行ってしまったのだろう、と。

もちろんそれは、ロボビーの中のあるプログラムが、何かをきっかけに作動しただけのことだ。だがなにか首尾一貫したひとつの意思決定機構から生み出された行動であるかのように見えたのだ。

僕はそのとき確信した。「心とは、観察する側の問題である」と。

非常に単純な機械の動きに「心を感じますか」と問えば、感じると言う人は少ない。多少複雑でも、原理を知っていれば「それは心ではない」と言う。しかし、人間は複雑である。いや、虫程度でもいい。動きが相当以上に複雑なものに対しては、相手のことを一から、すべては理解しきれない。自分の頭の中で完全に再現しきれない、解釈しきれない、

理解しきれないほど複雑なもの、仕組みがよくわからないくらい入りくんだものが目の前にあると、「こいつは、私の知らないところで勝手に独立して考え、動いているのだろう」という想像が働く。その浮かんできた想像に名前をつけずにはいられなくなる。それを「心」と呼んでいるのだ。

心とは、複雑に動くものに実体的にあるというより、その動きを見ている側が想像しているものなのだ。そしてその心は、見ている側の自分にもないと都合が悪い。とくに人間同士であればお互いに「心がある」と感じてしまっている。だからひとはみな「自分には心がある」と思う。しかし心は、実は自分の中にいくら問い合わせ、内省してみても検証しようがない。相手を観察し、想像することでしかわからないものなのだ。

心は、プログラミングできる。「心があるように見える」複雑な動きをプログラムすれば、人はロボットに心を感じるからだ。

アンドロイド演劇が映し出す「心」の正体

アンドロイド演劇のシナリオは、徹底して作り込まれている。

「あと〇・三秒、間をあけて」

「そのセリフを言うときにはもう二歩前に出て」

人間の俳優に対するのと全く変わらないオリザ先生の演出にしたがって、ロボットを製作するスタッフはプログラムを調整する。

ここでは、ロボットも俳優も内発性や意思は必要とされていない。けれども観客は十分に、ロボットに対しても、人間の俳優に対しても「ここには人間の心がある」と感じることができる。オリザ先生がしていることは、何も知らない小さい子どもに対し、シーンごとに適切な振る舞い方やしゃべり方を覚えさせていくことと変わりがない。問題はロボットや子どもが「その行為の意味を理解しているかどうか」ではなく、そう動けるかどうかなのだ。見た者が複雑さを感じる動きさえマネできれば、他者からは心があるように思える。

子どもは「食事をしているときにはこういうふうに振る舞うもの」だとか「目上の人にはこうやってしゃべるもの」といったことを、親やまわりの人間たちがしていることを見て真似していくなかで、徐々に覚えていく。誰かと別れるときに、大人を真似して幼児が手を振る。たったそれだけで「この子は賢い」「状況に応じて考える力がある」と感じられる。子どもの振るまいに心（意図）があると感じることと、ロボットに心があると感じることとのあいだには、なんら差がない。

オリザ先生の演出指示に沿ってシーンごとに振る舞いをプログラミングされながら、少しずつ動作が複雑化していくロボットは、観客から見れば十分に心を持っているように思える。人の心、意識、感情と呼ばれているものの正体は、これなのだ。

心がある、と想像できる存在であるために重要な点は、もうひとつある。その存在が、自分の外部にあるものを知覚する感覚器（耳、目、鼻、皮膚など）を持っているかどうか、である。感覚器を一切持たない存在が心を持てるかといえば、持てないだろう。なぜなら感覚器がなければ、相手を観察する方法がないからだ。ここでいう「観察」とは、視覚によるものとは限らない。視覚のない人は、心を持たないか。そんなことはない。人間は視覚以外も含めたさまざまな感覚器を通じて他者を観察し、かかわりながら、相手に複雑なものがあることを認識している。その結果、感じるものが「心」なのだ。相手を観察するすべがない存在にとっては、自分一人の世界しかこの世にはありえない。そんな存在は心を持たない――そもそも心がどういうものなのかを感じることができないだろう。僕たちは暗黙のうちに、互いにそのことを察している。ゆえに、外部の情報を認識するための感覚器を備えているかどうかも、そのロボットに「心がある」と人々が感じるためには、ひとつ重要な点となる。

人間はロボットと想像によってかかわる

僕が携わってきたテレノイド、ハグビー、アンドロイド演劇は、人間の「心」のありようを教えてくれた。

そう遠くない未来、ひとびとの日常生活に入り込んで作業するロボットに対して利用者たちが「この子には心がある」「意識を持っている」と思うのが当たり前になれば、それは「心とは何か」に対する僕の仮説を検証できたことになる。

第3章
対話できるロボット
――コミューとソータ

コミュー（左）とソータ（右）

対話できるロボットが実現する

対話とは、人間同士にしかできないものなのだろうか？

ここでは、ロボットがもつ対話機能の未来について考えていきたい。

これから人間とロボットが共生する社会を築いていくには、乗り越えなければいけないハードルがある。それは大きくいえば、安くて高性能なロボットをたくさん普及させること、そして対話機能をもっているロボットをつくることの二つである。

今までのロボットは「動作や発話をしている」と言っても、それほど複雑な動きができたわけではなかった。これまでも人間と対話できるロボットは一応あった。相手が話す単語を理解できるくらいのものは存在していたのである。しかし「対話」と言っても、一問一答だったのだ。ひとつの質問に対して、ひとつ答えるロボットしかできなかった。しかも単語に反応するだけで相手の「意図」を汲み取ってはいないから、ごく限られたいくつかのパターンしか話すことができなかったのである。

人間は、会話していてひとつの文字の聞き取りが曖昧になったときに、なんという単語を発声したのかの候補を、どうやって絞り込んでいるだろうか。

ひとつは今言った、相手の「意図」である。たとえば相手が「私は」と言ったときに、

「わ」が聞こえにくくて「たしわ」と聞こえたとしよう。聞いている側は「たぶん、日本語の主語にあたる部分だから『私は』と言いたかったんだろう。『わ』が抜けたんだろう」と無意識のうちに瞬時に推測をする。だが一問一答型ロボットの場合は「たしわ」と聞こえた言葉をそのまま拾って返答してしまう。「たしわさんが○○した」といった具合に意味を理解するから、とんでもなく滑稽な返しをしてしまっていた。しかし「この人はこういう意図で今までしゃべってきた」ということがわかっていれば「私が聞きとれなかった言葉はこういうものだろう」と絞り込みができる。

また、人間同士の対話には、互いに前提とする、共有している知識がある。たとえば僕が今、大阪大学に午後二時にいてロボットについての講義を学生相手にしているとしよう。もちろん誰も「僕たちは大阪大学に何時にいて」などということを口には出さないが、その場にいる全員がその状況を共有している。するとたとえ僕が脱線して天気や野球の話をしても、暗黙のうちに「これは大阪の天気の話だな」「日本国内の野球の話だな」という類推が働く。

人間は、会話中に相手の言葉を一字一句きれいに聞きとれているわけではない。だが意図で絞り込み、状況で絞り込んでいるから、聞き間違いをしても補正しやすくなる。今のコンピュータは、言葉を単語レベルでは認識できても、その背後にある前提知識を共有できず、意図も理解できない。だからロボットは人間と対話することは難しいと思われてきたのだ。

——それをクリアしようとしている試みのひとつが、ソフトバンクが開発し、二〇一五年の二月に市販が始まった「ペッパー（Pepper）」というロボットだ。

一体一九万八〇〇〇円のペッパーが見せる未来

人の声やジェスチャーまで認識できるフルスペックのロボット、ペッパーの販売価格は一九万八〇〇〇円。僕らが作ってきた、人間と関わるロボットの基本的な性能をほとんど持っている。現時点においてほぼ最先端の技術をもっていると言っていい。

にもかかわらず、驚くべき安値だ。もちろん、実際には本体価格に加えて月々の基本使用料がかかり、その契約は最低三年というしばりがあるから、実質一二〇万円するのだが、それを考えても安い。あれを大学や企業の研究で数台作ろうと思えば、数千万円の値段がかかるだろう。それがたった一〇〇万円程度で手に入る。コミュニケーション型ロボットが普及する時期は、これでずっと早まることだろう。

たかだか何十年か前の話だが、大学で研究していたころのコンピュータは、とても個人が買えるものではなかった。数千万円したからだ。そこにパーソナルコンピューター——アップルのマッキントッシュが登場し、企業の研究所で使っていたようなコンピュータが小さくなり、誰もが手軽に買えるようになった。するとソフトウェアを開発する環境がうまれ、そこから無数のソフトが登場した。書類を閲覧できる、メールをやり取りできる……楽しく、あるいは便利で世の中を変えるようなキラーアプリケーションが生まれ、しかも多くの人が安値で、あるいはタダで使える環境が生まれた結果、あっという間にパーソナルコンピュータは普及していった。そしてみなさんご存じのように、スマートフォンの歴史も同じような道を辿ったのである。

それと同じことが、ロボットの研究開発でも起ころうとしている。ペッパーを皮切りに、ロボットはパソコンと大差ない値段で買えるようになり、誰もがロボットのソフトウェアを開発するプログラマになれる。人々は手軽にロボットを買い、自分のアイデアで動かしてみることができるようになる。

最初は遊び半分で動かしているうちに、画期的なブレイクスルーが生まれるのが世の常だ。ソフトウェアを開発する人口が多くなれば、本当の意味でロボットの性能を引き出すソフトが現れてくるだろう。パソコンやスマホを普及させたようなキラーアプリ——後述するが、おそらくはゲームである——が、ロボット上でも作られる可能性がある。すると、いま僕らがパソコンやスマホがあって当たり前の情報化社会で生きているように、ごく近い将来には「ロボット化社会」が訪れる。

たとえば日常生活で人を助けてくれるような「日常活動型ロボット」が普及する。ペッパーは、人と関わるための機能を備えている。常に安定して動くわけではないが、身ぶり手ぶりで人と関わりながら、言葉を使い、対話ができるようになっている。テレビCMで、人間にツッコミを入れたり、自嘲気味に語るペッパーを見た人も多いだろう。

ここで重要なのは、ロボットが複雑な反応をすることである。一問一答式の単調な応答ではない、複雑な会話コミュニケーション機能をもったロボットであるという点である。パソコンもそうだったが、同じことを繰り返すだけであったり、できることがかぎられていると、人間はすぐに飽きてしまう。飽きさせずにロボットと人間の間で楽しい関係を続けるにはどうすればいいか。一番簡単な手段は、ゲームである。パソコンもスマホも、初期からさまざまなゲームが作られた。ゲームから普及が始まっていったといっても過言ではない。だから、ロボットも、ロボットを使ったゲームから普及していくだろう。

ゲームは、ユーザーがコンピュータとコンテクスト（文脈）を共用する。それも、人間側が機械のほうに歩み寄っていくのだ。パソコンにしろロボットにしろ、ただ「なんにでも使えますよ」と言われても、多くのユーザーはどう使っていいかわからない。しかしゲームは「コンピュータが指示するとおりにやっていくだけで、楽しい」という結果が明確である。現在のペッパーは、まだまだ「好きにしゃべってください。なんでもやります」という状態だから、むしろほとんどなにもできない。みんなどうやってロボットと遊んでいいかわからないし、コンピュータにとっては「あれしろ」「これしろ」というタスクが明確に定義されていないものを行うのは非常に難しいからだ。

しかしゲームにおいては、人間側が一生懸命ルールや前提を勉強し、そのゲームが用意したコンテクストの中だけで楽しんでくれる。ゲームでは、コンピュータが学習するのではなく、人間が学習する。「コンピュータに前提や意図を理解させるのは難しい」という問題を簡単に回避する方法のひとつが、ゲームなのである。

そうしてゲームを通じて楽しむうちに、ひとびとはロボットを好きになっていく。

ロボットが家庭教師になる日

次にやってくるのが、学習や言語教育だろう。頭がよくなるようなクイズゲーム、脳をトレーニングするゲーム、英会話を覚えるような語学学習ソフトがあらわれる。

ゲームと教育ソフトは、よく似ている。ゲームはプレイヤーがいろいろなことを覚えないとうまくならない。その「覚える」部分を変えて工夫したものが、教育ソフトである。世の中のほとんどの受験勉強はパズルみたいなもので、実質はゲームといっしょだと言っていい。教育・学習においても、ゲーム同様に、トピックになるコンテクストは限定されている。世界史なら世界史、物理なら物理の話しか、人間もロボットもしないで済む。そして語学学習や学校の授業も、ゲーム同様に、学ぶ側がその領域内で通用する独自のルールを覚えてハイスコアを狙うものなのだ。語学なら文法、数学なら数式といったルールを、人間の方が理解しないといけない。

ただし「教育」と言った途端、「ゲーム」に比べて社会的な見え方はよくなる。「教育に役立つ」といううたい文句は、ロボットがあたらしもの好きの一部のギーク（オタク層）のおもちゃから脱皮して、主婦や老人を含めた保守的な一般層にまで普及していく過程において、決定的に重要になる。

実際、ロボットは英会話をはじめとする言語教育にとっては非常に強力なツールになる。日本人は恥ずかしがり屋が多いから、誰かと対話しながら語学学習をするのが得意ではない。しかしロボット相手であれば、自宅で恥ずかしがらずに繰り返し何度でも練習できる。ペッパーは音声認識がしっかりしているから、正確に発音できるようになるまで反復トレーニングができる。家庭教師として、優秀な存在になるだろう。

ここまでくると、ロボットとの関わりに慣れた人も増え、複雑なアプリケーションをつくる企業もあらわれるはずだ。そうして、ロボットはさまざまな場面で対話をしながらサービスを提供できるようになっていく。たとえば駅や交通機関のような公共施設で情報提供をしたり、道案内をする。あるいは小児科の病院の待合室や老人ホームで人間の話し相手になる。テレノイドやハグビーの例を紹介してきたように、ロボット相手のほうが人間は気を遣わず、いくらでもしゃべることができる。そうしたかたちで、ロボットが活躍するようになる。

こんなばかな、と思われるかもしれない。しかし、スマホのときもそうだったではないか。はじめは「こんなものが流行るはずがない」という声の方が大きかった。だが、変わるときは三、四年で急激に変わってしまう。あっという間に世界中に広まり、世の中を変えてしまう。ポケベルが登場したあたりから、こうした傾向は強い。

ネットやスマホがもたらしたのと同様の変化は、ロボットに限らず、いくらでも起こり続ける。コンピュータの能力はどんどん進化しているし、できることは増えている。そこから生まれた新しいデバイス、そしてその新しいデバイスに適したコミュニケーションメディア（たとえばスマホの場合はＬＩＮＥやTwitterである）が現れては一気に普及し、あるていどまで伸びると潮が引くようにスッとなくなっていき、また別の新たな波が訪れ、流行りは変わっていく。その繰り返しだ。ロボットもそういう波を何度も経験しながら、人間の生活の一部と化していくだろう。

そのカギのひとつになるのが、一問一答式を超えて、人間を巻き込み飽きさせない複雑な「対話」機能の実現であり――その技術的なブレイクスルーが、目下進行中なのである。

音声認識の飛躍的進歩が人間との「対話」を可能にする

対話機能を実現させるためにもっとも困難な技術と言われていたのが「パターン認識」だ。

ロボットの視覚や聴覚をはじめとする感覚機能を実現するには、「これは○○だが、×

×ではない」「これは△△に含まれる」「今の単語は□□である」と分類し、認識する技術が必要である。従来のロボットは、このパターン認識機能が人間よりもはるかに劣っていた。

しかし近年、だいぶ人間の能力に近づいてきたのである。

みなさんはスマートフォンをお持ちだと思う。iPhone に最初からインストールされている Siri《シリ》 をはじめ、スマートフォンの音声認識は精度が高い。これは、スマホがネットを通じて巨大コンピュータにアクセスすることで、高速で大量の情報処理が可能となったからだ。

また、コンピュータ上で走るアルゴリズム（情報処理プログラム）も変わってきている。人間のように情報処理をする「ディープラーニング」の台頭である。

ディープラーニングは、人間の神経回路網を模倣したものである。従来の神経回路を模したアルゴリズムは、せいぜい三層くらいのネットワークにすぎなかった。これでも解ける問題はたくさんあったが、現実的な問題を人間のように解くレベルには、到底達していなかったのだ。三層から四層五層……と層を増やし、人間並みに複雑なことをしようとするにはきわめて巨大なコンピュータが必要であり、従来では実現不可能であった。しかし先に述べたコンピュータネットワークの発達により、ディープラーニングでは六層から八層といった層の厚い複雑な計算ができるようになっている。それが人間並みの音声認識や画像認識をもたらし、いまも発展をつづけている。この技術をもとにした高度な認識機能をもち、対話ができるロボットが実現できる日は、遠くないだろう。

音声認識をせずに対話する「コミュー」と「ソータ」

とはいえ人間と会話するロボットには、別の方法論もあると僕は考えている。それが、僕が創設に関わった会社Vstone（ヴィストン）と大阪大学からリリースする、ペッパーよりも小型で机の上に置ける対話型のロボット、「コミュー（CommU:Communication Unity）」と「ソータ（Sota:Social Talker）」である。コミューは吉川雄一郎准教授を中心に開発している。

こちらもゲームや語学学習ができ、簡単な案内をさせたり、メールを読ませるなど、いろいろなことができる。ペッパー同様にソフトウェアのプラットフォームを民間に開放し、さまざまな会社や個人が新しい機能を提案し、アプリケーションが生まれるようにするつもりである。

さまざまな表情を持つ「コミュー」

ペッパーは身長一二一センチである。僕はあれでは日本の家庭には大きすぎると思うのだ。僕の研究室に置いていても、横を通ろうとするたびにしょっちゅう腕がぶつかったりするくらいなのだから。

だから僕らは日本の住居環境でも使えるようなサイズのコミュニケーションロボットを開発したのだ。コミューは幅一八〇×奥行き一三一×高さ三〇四ミリ（重量九三八グラム）、ソータは一六〇×一四〇×二八二ミリ（重量八〇〇グラム）。テーブルの上に乗っかっても邪魔にならない。ある程度のサイズ感が、ヒト型ロボットには必要である。あまりにも小さいと擬人化しにくく、コミュニケーションに適さない。

もっとも、これらがベストな大きさだと言いたいのではない。さまざまなサイズの、さまざまな用途のロボットを実際に作り、使っているうちに、ロボットは社会に溶け込んでいくのだと思う。

コミューやソータは、値段もペッパーより安くする予定だ。

コミューは「対話とはなにか」ということを認知科学的に解釈した結果、デザインされている。簡単に言うと、人間が話しかけている言葉を音声認識しなくても対話が成り立ってしまう。人に「会話している感」を与えるロボットを作ったのだ。YouTube にプロモーションビデオをアップしているのでぜひ見てほしい（https://www.youtube.com/watch?v=TaR78QIxKSE）。

コミューと人間との間では、たとえばこんな会話が行われている。

ロボット1　こんにちは。
ロボット2　こんにちは。
男性　こんにちは。
ロボット1　僕の名前はタロウ。
ロボット2　僕の名前はジロウ。

ロボット3　僕の名前はサブロウ。あなたのお名前教えてください。
男性　タツカワと言います。
ロボット1　そっか。今日は僕らとお話をしましょう。
男性　はい。
ロボット1　あなたは何歳ですか。

対話型ロボット「ソータ」

男性　今、二二歳。
ロボット1　そっか。人と話すときって緊張しますか。
男性　ドキドキする。
ロボット1　ロボットと話すのは初めてですか。
男性　初めて。
ロボット1　ぜ～んぜん、緊張しなくて大丈夫だよ。
ロボット2　僕らは小さいから、誰も怖がらない。

動画を見てもらえればわかるが、人とロボットたちがちゃんと会話できているように聞こえるはずだ。

しかしこのロボットたちは、実は対話相手の発言を音声認識していないのである。「タツカワと言います」と男性が話しかけていても、ロボットたちは、その内容を認識していない。ところが、相手の人間が何を言っても、三体いるロボットとの対話が続くように設計されているのだ。会話の続きはこうだ。

ロボット1　怖かったりする？
ロボット2　大人だったら怖かったりするかな。
男性　それはしますね。
ロボット1　そっか。今日はよろしくね。
ロボット2　楽しいね。

実は、ロボットはロボット同士で勝手にしゃべっているのである。ときどき人間に対して「あなたはどう思う？」などと聞くが、実は人間から何を言われても「そっか」と言い、またロボット同士でしゃべるだけなのだ。それで人間相手の対話は成立する。ときどき人間を対話に巻き込むためのトリガーとしてロボットが「あなたは何歳ですか？」などの質問を投げかけているのだが、よくよく聞くとすべて「そっか」で返し、ロボットたちは次の話題に移っていくのである。

ロボットと赤ちゃんは同じ

一対一で行う対話では、相手の言うことを音声認識しなければうまく答えられないし、認識ミスが続けば対話はやがて破綻する。しかし相手をするロボットが複数体いる場合、三体のうち二体以上がお互いに対話していれば、そこに参加している人間は、自分が直接話していなくても、対話しているような感覚になってしまう。この複数のロボットによる音声認識無しの対話の機能は、研究室を一緒に切り盛りする、吉川准教授を中心に開発された。

僕らはもともとロボットを複数用いて人と対話させる実験をしており、ロボットは一台使うよりも二台使ったほうが対話しやすくなるということに、ずいぶん以前から気がついていた。ロボット一台でしゃべらせるより、二台で漫才のようにして喋らせたほうが、聞いた人間は内容をよく理解できるという結果もあった。そしてさらに、そうして二台が対話しているところに人間を参加させると、ほとんど自分がしゃべっていなくても、会話しているような気になってしまうことを発見したのである。

そこから僕らは音声認識なしのロボットとでも対話できるためには何が重要かを実験し、どうやって対話に巻き込み、話題をどのタイミングで変えればいいかをはじめとした、さまざまなルールを発見していった。そしてロボットに視線やジェスチャーのシンクロといった最低限の機能だけを実装し、かわいいデザインにすることで好感が持てるように設計したのである。

しかし、音声認識の技術が発達しつつあるのに、なぜわざわざ音声認識しないロボットを作る必要があったか。まだまだペッパーですら、言われたことを音声認識できなかった場合には、とたんに反応がアホになってしまうのである。これはコミュニケーションロボットとして致命的だ。たとえば「呼びかけ」という単語を「ふりかけ」と聞き間違えたロボットが、ふりかけの話を人間に返しても、「このロボットはバカだな」と思ってイライラするだけである。

今のロボットのコミュニケーション能力はまだ一、二歳の赤ちゃんみたいなものだ。だから本当は「一、二歳の赤ちゃんと同じ扱いをしてください」と僕は言いたい。しかし多くの人はロボットに対して、映画やマンガで見てきたぶんのバイアスがかかっている。なんでもしてくれる、人間らしいものだと思っている。しかしそれは一、二歳の赤ちゃんに対していくらなんでも無茶な要求であり、まともにクリアすることはまだまだ難しい。

コミューとソータは、そうした問題にうまく応えられるようにというか、うまく逃げられるような道をつくろうという試みである。これならば一問一答式ロボットと違って、絶対にアホには見えない。ロボット同士が複数で対話していれば、対話が破綻することはないからである。

このように「音声認識なしで対話が成立する」ということを、ロボットを使って実践している研究室は、認知科学の分野どころか、僕ら以外にはどこにもいない。言語に関してこうした発想でやっている研究室は、ほかにいないだろう。

音声認識ゼロでも、ロボットと対話ができる。人間とロボットの間に必要なのは「会話している感」なのだ。こんなふうに自然に対話できる相手に「心がない」と思う人間はいない。やはり「心」はプログラミングできるのである。

欲求と意図を実現するロボット

しかし、アンドロイド演劇やコミュー、ソータは「心があるように見える」だけで自発的な意思を持っていないではないか、それではロボットに心があるとは言えない、と思うひともいるだろう。

その点に関しても、僕たちは研究を進めている。いままさに、自発的な欲求と意図を持ったロボットを作っているのだ。直接的に「心」を作っている。人工知能の次のゴールは、現実の世界でひとと対話できるロボットを作り、ロボットに意図や欲求を理解させ、持たせることだ。

僕はいま、JST（科学技術振興機構）のERATO《エラトー》（戦略的創造研究推進事業・総括実施型研究：Exploratory Research for Advanced Technology）で、日本でもっとも大きな研究費用を投下しているプロジェクトを進めている。

これまでのロボットは「動作や発話をしている」と言っても、実際には、一問一答だった。「意図」を汲み取れず、限られたパターンしか話せなかった。また、これまでのロボットは、発話や動作に「意図」を持たせてはいなかった。いや、正確には意図を持たせようとしたものはあった。ただし「地べたをはいずり回るだけの単純なロボットが、障害物を回避しながらゴールをめざす」ていどのことを「意図」と言ってきたのである。僕がやろうとしていることは、もっと高度なレベルのものである。

人間の行動には、裏に意図がある。自分の意図を伝えるために、ひとは発話し、動作をする。そして相手の動作や発話から意図を理解する。

その意図はどこから来ているのか。本能や欲求から生じている。欲求から意図が生まれ、意図を実現するために、発話や動作を行う。こうした「欲求―意図―動作」という三つの階層を持つロボットは、人類史上これまで本気で作られたことは一度もない。もちろん人工知能の歴史のなかで「考え方が提示された」ことはある。だが、実装されたためしがなかったのだ。

たとえば「ごはんを食べる」ことを例にすると「欲求―意図―動作」はそれぞれ何になるか。この区別は、実はまだ難しい。しかしやや単純化して言えば、「欲求」に「おなかいっぱいになる」といった満たすべきゴールである。人間が生まれ持った本能――最初からプログラムされているもののことだ。対して「意図」は、その欲求を満たすためにする一連の準備行動、「つなぎ」の行動だ。たとえばごはんを食べるためにする「ごはんを炊かないといけない」「お茶碗を持ってこないといけない」「お箸が必要だ」といった、瞬間瞬間の行動はすべて「意図」にあたる。そしてひとは「意図」を実現するために「動作」を行う。この例なら、最終的に「食べる」ことが「動作」である。

もっとも、会話や動作をしているときに「意図」や「欲求」ができる場合もある。必ずしもきれいに「欲求→意図→動作」の順番で「意図」ができるわけではない。

たとえば異性から「『好き』と一〇〇回言え」と言われて実行しているうちに実際に好きになってしまう――「好き」と言う「動作」から「好きになる」という意図ができてきてしまうかもしれない。スポーツでも勉強でもいい。はじめはやる気がなかった人間が、やり続けるうちにおもしろくなってきて、もっとしたくなる。そんなことは、日常にありふれている。こうした「動作」をするうちに「意図」や「欲求」が生まれるようなしくみも、人間に準じてプログラムしようと試みている。

僕たちのむこう五年間のプロジェクトは、この「欲求―意図―動作」という三つの階層を持つロボットを作ることである。まず自分が意図を持った行動をすることができなければ、相対している人間の発話と動作から「このひとはこんなことをしゃべっている」「このひとはきっと、こういう意図とこういう欲求を持っているはずだ」というふうに、相手の意図を理解することはできないからだ。

くりかえし述べてきたように、自分以外の人間の内面、コミュニケーション相手の心のありようは、実体的に存在しない。自分の持っている心のモデルに照らし合わせて、想像するしかないのだ。相手の意図を理解するときには、自分の持っている知識から理解するしかないのだ。人間は「自分であればどうしているか」ということから「私がこういう発話をするときは、こういう意図を持っている」ことを理解できるし、そこから相手の意図や欲求を想像できる。そういうことが可能なロボットをつくれば、対話相手の人間の意図まで理解し、場合場合に応じて「きっとこの人はこういうことがしたいから、こう言った方がいい」といった柔軟な対応ができるようになる。

それこそが「ひとつの質問に対して、ひとつの答えが決まっている」コミュニケーションから数段前進した「人間らしい会話」なのである。

「人の気持ち」の仕組み

もっとも、僕らが今取り組んでいるむこう五年間のプロジェクトで実現できることなど、たかが知れている。はじめはまだ、たとえば「ファストフードの店員ていどの受け答えができるようにしましょう」というレベルの話である。この客は何がしたいのか、お腹が減っているのか、時間を潰しにコーヒーでも頼みに来ただけなのか、ロボットがそれくらいのことをわかるようにするのが当面の目標である。

しかし、ロボットが自ら「欲求―意図―動作」の相互作用を実現し、他者の動きから相手の「欲求―意図―動作」をシミュレーションできるようになれば、「人の気持ちを考える」ことができる。理想的にはロボットが「この人の気持ち」にも「あの人の気持ち」にもなれるようになっていくはずである。

その過程において、小さいころから僕を悩ませていたあの大問題「人の気持ちを考える」の答えが——人の「気持ち」とは何なのかが、少しずつ解き明かされていくだろう。

第4章 美人すぎるロボット
――ジェミノイドF

ジェミノイドF

『ボッコちゃん』の予言

星新一が書いた『ボッコちゃん』は、バーカウンターで働く女性型アンドロイドと人間の客との関わりを描いたものである。いま読み返すと、先見の明があったと感じる。もっとも、気になる点もある。ボッコちゃんをずっと見ていても、誰もアンドロイドだと気がつかないところだ。たとえば動力源の問題ひとつとっても、そんなことはありえない。それに僕は、ボッコちゃんがアンドロイドとわかっていても、客は会いに来ると思っている。

というか現に、そういう事態は起こっている。その例を、いくつか紹介してみたい。人間がロボットを作ったはずなのに、そのロボットに人間が励まされる。

こうした奇妙な事態が、僕の研究室ではよく生じている。

第1章でも紹介した女性型アンドロイド「ジェミノイドF」は、モデルになった美しい女性の外見と動きを完全にコピーしているのみならず、声帯を再現したアクチュエータを備えている。

それを使えば、たとえば僕が遠隔操作用の端末から声を吹き込むと、ボイスチェンジャーで変換され、一秒ぐらい遅れてFがしゃべってくれるわけだ。「好き」と言うと、Fもモデル女性の声で「好き」と言ってくれる。「がんばろうね」と言うと、「がんばろうね」

とオウム返しをしてくれる。これはものすごく気分がいい。面と向かって目を見て話すと、驚くほどモチベーションが上がる。

冷静に考えると、間抜けな構図である。だが、自分が先に言った言葉であっても、Fから発せられる言葉は、Fの身体を通し、ピッチが変わってFの口から出てくるから、まったく他人の声に聞こえるのである。「目の前にいるこのきれいな女性が、自分に対して言ってくれている」としか思えないのだ。

もうひとつ、研究室で遊んでいて気づいたことがあった。

Fに蔑まれたり、罵られると気分がいいのである。Fに「死ねばいいのに」だとか「バカ」といったきつい言葉を言わせると、それらは生々しさに変わるのだ。日常では味わえないような、一種の爽快感があった。不思議なことに、ためしにFのモデルになった女性本人に同じように言わせてみても、Fほどの強烈な存在感は得られなかった。これはなぜだろうか。

人間はそれぞれ独立した人格を持ち、他者と触れあうときには社会的なバリア――一定の距離感を保って振る舞うものである。だから人間に演技で「クズめ」だとか「クソ虫が」などと言わせてみても、それが本心から発せられている感じはしない。

しかしアンドロイドの場合は、距離感がない。アンドロイドは他者に対する心理的なバリアなどもたず、遠慮もない。それゆえ、アンドロイドの言葉はより近く、より生々しく、より本心から出ているように感じられる。

たとえば研究室の男性に、FとFのモデルになった人間の、どちらが横に座ったときにドキドキするかと訊けば、多くはアンドロイドであるFの方だと答える。もちろんFのモデルは美人だから、ゲイの男性でもなければ人間の生理として、緊張するし、興奮もする。しかし人間であるがゆえに、好き勝手に触ることは許されない。セクハラなどしたら、社会的にアウトである。実際に触れようとしなくても、深層心理でそうイメージするだけで、ブレーキがかかってしまう。男性側にも女性の側にもバリアができ、互いに壁をつくってしまう。

ところがアンドロイドは、見かけは人間と同じだが、触ろうと思えば触ることができる。髪を撫でようが、抱きつこうが、それ以上のことをしようが、怒られることはない。拒絶されることがない。もちろん研究室のなかでは他の誰かが見ているから、そんなことをする人間はいない。しかし、それは見られたら恥ずかしいからやらないだけなのである。

美しすぎるアンドロイド「エリカ」

生身の人間よりアンドロイドに夢中な男たち

言いかえれば、この距離感は、恋人に対する距離感と同じなのだ。人間とアンドロイドの関係は、恋人同士の関係くらい最初から心理的な距離が近い。それが「何をしても許される関係」ということなのだ。だがそんな姿を第三者に見られては、照れが生じてしまう。だから、やたらと馴れ馴れしく接したりできない。知人に恋人といちゃいちゃするのを見られたら、きまりが悪いと思うことと同じである。この距離感のなさが、アンドロイドに「好き」と言わせたり罵倒させると、人間に言わせるよりも生々しく感じる原因である。

テレノイドやハグビーもそうだったが、ジェミノイドに対してもまた、多くのひとは「生身の人間よりもアンドロイドを選ぶ」のである。

ちなみに、ニュースでご覧になった方も多いかもしれないが、二〇一五年八月には、京都大学の河原達也教授や科学技術振興機構（JST）、国際電気通信基礎技術研究所（ATR）と開発した新たな〝美しすぎるアンドロイド〟「エリカ（ERICA）」を発表した。エリカがジェミノイドFと異なるのは、実在の人物をモデルにしておらず、CGを駆使して理想的な「美しい顔」をつくりだしたことだ。

エリカの身長は立位時一六六センチ。左右の眼球にCMOSカメラを搭載し、左右の耳にはマイクが内蔵されている。声も合成音声だが、声優の音声を二〇時間以上収録し、録音した声を音素に分解し、再合成することで、人間の声と区別がほとんどつかないレベルに引き上げている。

エリカは、人間の話を正確に理解し、相槌をうつなど、自然な対話を実現するためのプラットフォームとして活用中である。

前述した人間とロボットの距離感の近さについては、もうひとつ例がある。娘のアンドロイドに続いて女性型アンドロイド「リプリーQ1（Repliee Q1）」を二〇〇三年に開発し、国際ロボット展に出展したときのことだ。そこには人間の女性コンパニオンも雇っていたのだが、アンドロイドに同じ格好をさせていたところ、カメラ小僧はみなアンドロイドにかぶりついたのだ。人間のコンパニオンなどほとんど邪魔者扱い、無視される始末だった。アンドロイドに夢中でシャッターをきる男たちを見た人間のコンパニオンは、すねていた。それは僕にとって「人間はアンドロイドに本気で嫉妬する」と気づいた最初の瞬間でもあったし、「人間よりもアンドロイドを好む」人々を目撃した瞬間でもあった。

アンドロイドの性的利用という問題

こう言うと、すぐにアンドロイドの性的利用を連想し、退廃的な未来が訪れることを懸念する人もいるだろう。しかし、人類全員がアンドロイドと性生活を送るようになるとは、僕は思わない。いつの時代もあたらしいテクノロジーがあらわれると、それが蔓延して世の中がおかしくなると極端に考えがちだが、そんなことにはならない。たとえばネットやスマホが登場して誰でも気軽にポルノにアクセスできるようになったが、社会に劇的な変化などあっただろうか。もちろん、アンドロイドでないと性行為ができない人も出てくるだろう。人間相手では性的なコミュニケーションに満足できなかったひとが、アンドロイド相手なら満たされることもあるだろう。こう聞いて、嫌悪感を抱く人間もいるかもしれない。機械と性行為を行うなんて、人間の尊厳を冒している、と思うだろうか。しかし、すでにたとえば障害者の性処理を行うセックスボランティアと呼ばれる人たちがいる。セックスボランティアの代わりにアンドロイドを与えたら、これは人間の尊厳を冒しているのか。僕は人間がボランティア精神でセックスするよりも、アンドロイドを与えた方が、尊厳は保たれるような気がする。

ロボットとの性的な問題は、避けては通れない。二〇世紀までは、人間と対話するロボット自体が作られてこなかった。工場で働くロボットさえ作っておけばよかったのだ。だがこれからは社会の中でさまざまなひとと関わるロボットを作ろうという時代である。コミュニケーションメディアとして、人と対話するロボットのありようが真剣に模索される時期だ。そしてわれわれ人類のコミュニケーション欲求の根源には、自己保存欲求、種を残したいという（性的な）欲望がある。「人とつながりたい」ということと「性的な関係を持ちたい」ということには強い関係がある。そもそも人類以外のあらゆる動物や虫の「社会性の研究」はイコール「性行動の研究」である。たとえばホタルはなぜ光るのか。オスがメスを呼ぶためだ。彼らは交尾して子孫を残すことを考えて行動している。チンパンジーまでの霊長類のコミュニケーション研究も、すべてがなにかしらのかたちで、性に関わるものだ。そして人間は、九〇パーセント以上チンパンジーと同じ脳を持っている。その人間のコミュニケーションを、性の問題と切り離すことは不可能である。

しかし今はまだロボット研究のなかで性の問題はタブー視されている。これはおそらく宗教的な規範、とくにキリスト教の影響が大きい。近年、さまざまな学問分野で「セックスと社会」といった学会を作ろうという動きはあるが、国際的な学会はやはりアメリカ主導であるか、そうでなくてもアメリカを入れないと機能しないことが多い。だがキリスト教の影響が強いと、性に関する研究はなかなかうまくいかない。

ことロボット研究について言えば、性や社会的なモラルに関する明示的な倫理規定はほとんどない。あるのはほとんどが医療的な問題に帰着する事項――人に被害を及ぼさないか、精神的なショックを与えてしまわないかというチェックである。つまり、性をめぐる研究が進展しないのは、宗教などを理由に自主規制している部分が大きいのだ。

もちろん宗教以外にも理由はある。たとえば僕は国立大学に所属する研究者だから、税金でまかなわれる研究費をどういう目的に使っていいか、使途は限られている。以前、僕は「水商売の接客用アンドロイドを作りたいので、現地調査のために研究費でキャバクラに行きたいのだが」と文部科学省に勤める知り合いにいちおう聞いてみたことがある。無論、却下された。「性風俗的な問題は、国が支援しなくても産業は発展する、むしろ規制にかかっているくらいなのだから、税金を使ってまでやることではない」と。

税金で研究する以上、僕たちには社会的な責任がある。そこから逸脱するような使い方は民間の人間でなければやれないが、民間だけで研究開発するには、ロボットは必要な金額が大きすぎる。だからロボットの性的コミュニケーションへの利用を研究することは難しい。

いずれにしろ、性に限らず、人間とロボットとの関係には、もっとバリエーションが必要だ。人間はひとりひとり性癖も違えば、生殖能力もコミュニケーション能力も違う。ロボットを使うことで、個々人にもっともフィットした、多様な関係のありかたをもたらし、それらを社会がより許容していけるようになること、人間ができる選択肢を増やすことが大事なのだと僕は思う。多様性の許容は社会的なストレスを減らし、差別をなくしていく。ロボットが性の道具として使われる可能性は十分にあるが、それはこれまで性的な満足を得られず苦しんでいた人たちを救うことになるかもしれないのだ。もちろん、全員が使う必要はない。だが人間の可能性を広げるためには、タブーを設けずさまざまな使い方を探してみたほうがいいと僕は思う。

自閉症の子どもとアンドロイド

話を戻そう。

ロボット相手には、人間は「距離感がない」「遠慮しなくていい関係」になれる、というところまで説明した。

この性質を利用して、吉川准教授を中心に、僕たちは自閉症の子どもの治療にアンドロイドやロボットを使う研究をもう三年ほど行っている。先天性の脳機能障害に由来するとみられる自閉症者には、人間と目を見て話すことが苦手であるとか、コミュニケーションや意思伝達が不得手だとみなされるような、いくつかの特徴がある（個人差も大きいので、安易な一般化はできないが）。彼らに、はじめは見た目もロボットらしい小さなロボットや人間らしい見た目のアンドロイドと対話してもらい、どのような子がどのようなロボットに対して心を開きやすいかを観察している。

現段階では、まだアンドロイドとのコミュニケーションを通じて自閉症が改善したとまでは言えない。だがそもそも僕がめざしているのは、人間らしい振る舞い、そして表情をアンドロイドから学べるようにすることなのだ。自閉症者は感情表現をしたり、他者の表情から何を感じていそうなのかを自然に読み取ることは苦手である場合が多い。一方、健常者のごとく振る舞うアンドロイドには、どうすれば人間らしく見えるのかという認知科学や心理学などの知見が、無数に投入されている。何度でも同じことを苦もなくさせられるアンドロイドの振る舞いから「人間らしいコミュニケーション」――人間らしく見えるコミュニケーションのやり方を学習できるはずである。

自閉症者に限らず、人間はみな他者の振る舞いを見て〝ふりをする〟〝らしい演技をする〟ことを覚えてきた。誰しもが親や先生、先輩や友人のマネをし、経験を積みかさねることで、「らしい」振る舞い方を身につけ生きていく。アンドロイド演劇に出演するアンドロイド同様に、人間は「人間らしい振る舞い」を自分にプログラミングしているにすぎない。

「人間らしい振る舞い」のなかでも、とくに重要なのが、感情表現である。対話相手に感情を伝えるには、いったいどんなことが必要なのだろうか――ロボットに「感情があるように見える」ためには、何をさせればいいのだろうか。

僕は怒ることができなかった

「人間らしい振る舞い」を修得するまでの僕の例を挙げてみよう。

僕はかつて「怒る」ことができなかった。怒ることに何のメリットも感じなかったからだ。怒ったところで事態が解決することは少ない。関係がこじれたり、時間を浪費するだけで、デメリットの方が大きい。そう思ってきた。だから「怒る」とは、何をどうすることなのか、どうすべきかがわからなかった。大学に入り、教師として振る舞わざるをえなくなってから、怒る練習をした。

きっかけはこうだった。大教室で講義をしているのに、学生があまりにもざわついている。静かに注意しても、まったく止む気配がない。学生たちは、完全に僕をナメていた。これは恐怖を与え、教師と学生という上下関係のヒエラルキーをはっきりさせなければ、この場を統制することはできない。そう判断した僕は、しかたなく教壇を思い切り蹴飛ばし、ついに教壇が大きな音を立てて倒れたのを確認したあと、無言で教室から出ていき、その日は授業に戻らなかったのだ。

それ以降、誰ひとり僕の授業でささやく学生はいなくなった。「石黒は怒ると死ぬほど怖い」と思われるようになったようだ。

教壇を倒れるほど激しく蹴り飛ばす――あのとき身体を動かして生じた高揚感、身体がカッカと熱くなる感じを認識することで、僕は初めて「なるほど。これが怒りか」とわかったのだ。それからはあのとき蹴り飛ばした感覚を想像するだけで、気分をたかぶらせ、「怒る」ことができるようになった。

僕は別に、積極的に怒りたいわけではない。生じた問題を解決する手段として有効だと思ったときに、そう振る舞うだけである。ゼミの卒論発表でへらへら笑っている学生がいれば、すべての発表をストップしてその場で「出ていけ」と言い、出ていくまで僕はじっとその学生の前に立ち続ける。そうしなければ「何がしていい行動で、何がしてはいけないことか」を植え付けることができないと考えるからだ。

行動が先か、感情が先か

怒るから怒鳴るのか。そうではない。怒鳴ってから感情が生まれるのだ。これは心理学では古くからジェームズ＝ランゲ説として知られている。「悲しいから泣くのではない。泣くから悲しいのだ」と。

赤ちゃんは反射的に泣き、スパイラルに泣き続ける。あたかも泣いている自分を維持するために泣く。泣いている子どもにおもしろいことを言うと、笑いながらもまだ泣いていることがある。ああいうときに「悲しいから泣いている」と言えるのか。悲しみに浸りたいとはまったく思っていないにもかかわらず、どういうわけか涙が止まらず、涙がこぼれたあとに少し遅れて感情が押し寄せてくるような経験は、誰にでもあるだろう。

すべては行動が先か、ないしは行動と感情は、同時に起こっていることなのだ。

野球選手のイチローは、生まれた瞬間から野球がやりたかったのか。そうではない。親に誘われ、やらされているうちに好きになったはずである。恋愛もそうだ。なぜ多くのひとは、近場にいる人間と恋に落ちるのか。ひとは、繰り返し触れているものに親しみを抱く性質がある（「単純接触効果」と呼ばれている）。あるいはよく知られている「吊り橋効果」を挙げてもいい。ひとは恐怖や緊張をともに経験した人間に対して、親しみを抱く。その相手を見るから好きなのか、好きだからその人を見るのか？　やはり振る舞いが先にあり、感情は後追いか、または同時に生起するものなのだ。

ひとは、他人の内面を見ることはできない。他者の振る舞いから、抱いている感情を想像するだけである。ということは、ロボットに対してある特定の振る舞い方をプログラミングすることができれば、その動作を見た人間は、ロボットがある特定の感情を抱いているかのように思えるのである。それが人間であれロボットであれ、うつむいて暗い声を出せば悲しみのサインとして、バンザイすれば喜んでいるサインとして受けとるのだ。

感情は、もっとも単純な情報通信手段である。そしてその感情表現を実装させることは、ロボットに対して人間らしさを感じさせるためのカギとなる。

人間以上に表情豊かなアンドロイド

僕らはすでに、女性型アンドロイドのジェミノイドFに、相手の言ったことが分からないときには機械のように「わかりません」と端的に返すのではなく、「いや私、わからへんわそれ」というような感じで、より感情を込めて返答をするようにプログラムをしている。こうするだけで、コンピュータの能力的な限界によって答えられないのではなく、答えられないことをあたかも反省しているように、人間らしく聞こえる。

たとえ英語が分からなくても、アメリカ人やイギリス人の表情を見れば、笑っているかどうかはわかる。言葉がわからなくても、感情が人と人とを瞬時につないでいく。ロボットにも、対話相手から「愛している」と言われれば情感を込めて「愛している」と返し、語調を強く言葉を浴びせられたり（一定以上のデシベルで話しかけられたり）、強くどつかれた場合には怒って返すように対話パターンをつくることは、簡単にできる。

とくに感情をもっともよく表すのは、表情である。人は、表情から相手の感情を読み取る。アンドロイドの表情と人間の表情、どちらが豊かなのか。人間は二〇本から三〇本の筋肉を使って、非常に複雑な表情を作る。しかしアンドロイドは、必要であれば三〇本だろうと四〇本だろうと、人間以上の筋肉を顔に取り付け、人間以上にエレガントに、豊かな表情を再現することもできるのだ。人間は、相手の表情にあらわれる感情から、そのひとのなかでどういった感情が揺れ動いているかを読み取ろうとする。ロボットが人間の表情を再現できるのであれば、人に伝えるべき感情を表現できる。

表情の模倣にくわえ、直接的な接触も、対話相手に強い感情を引きおこすことができる。人間は、人間や動物を抱きしめるとオキシトシンというホルモンが分泌され、安心感が増し、接触した相手に対して信頼が増すことがよく知られている。微笑んでいるアンドロイドと人間が手をつなぐと、そのひとには「楽しい」という感情が強く起こる。きれいな女性型アンドロイドと触れ合うと、男性にはいい感情がうまれ、親しみを感じるようになる。見かけや振る舞いから十分に人らしい感情が感じられれば、少し手をつないだだけでも、そのアンドロイドの表情が意味する感情が、自分に伝染してくるような感覚を持つ。

感情表現は、一見ロボットには縁遠いものに思われがちだが、実のところロボットでも簡単に利用できる、意思疎通（していると思わせる）手段である。

自閉症者のように、感情を伝えることが苦手であったり、他人の表情や振る舞いから感情を読み取ることが苦手であったりする人たちも、こうしたロボットの「人間らしい」動作から学ぶことができる。「こんな振る舞いや表情をすれば、こんな感情を表現しているように受けとられるのか」ということを学習できる。どの動作が他者の感情に作用するのかを理解し、再現できるようになる。ロボット開発者がロボットの動作をプログラミング（シミュレート）するように、動作と感情の結びつきを理解した人間が自らの動作をプログラミングすれば、そのひとは人間らしいコミュニケーションを取ることができる。

ロボット相手のコミュニケーションで練習すれば、人間相手とは違って遠慮する必要もない。ロボットとは、最初から恋人同士のように距離感が近い存在である。そしてまた、何度でも同じことをさせることができる。人間よりもロボットのほうが、「人間らしい振る舞い方とは何か」を学ぶ対象としては、優れているのである。

ロボットが変える家族

ここまでで、自閉症者や高齢者へのカウンセリング、あるいはジョブマッチングの相談においては人間よりもロボットの方が向いているケースを紹介してきた。ほかにも、なかなか人に言いにくい、見せられない領域にロボットを入れることによって、コミュニケーションが円滑になる分野はまだまだ多いだろう。

そうでなくとも、家庭や施設にアンドロイドがいるだけで日常生活のリズムがよくなるかもしれない。スマホにセットした目覚ましや、そこから流れてくるメッセージで生活のリズムが決まっている人間は、すでに多い。しかし起床や身支度、食事の用意のようなものは、アンドロイドにサポートしてもらった方が今の味気ないスマホのアラームや、モーニングコールのようなものより、はるかに健全に思える。

あるいは、アンドロイドは家族の役割の代わりも果たしてくれるだろう。現代人のなかには、スマホを通じてネットの向こうにいる友人が、血の繋がった家族の紐帯の代わりになっているひともいる。これは何も「スマホ依存症よりもロボット依存症になった方がマシだ」と言いたいわけではない。

人類はこれまでも、家族の機能を社会に代替させてきたのである。たとえば北欧では「子供は幼稚園や学校で育てよう、高齢者は施設を充実させて面倒を見よう、だから税金を高くしよう」というふうにしてきた。高齢者を施設でケアするということは、よくいえば「家族の負担を軽減する」、悪くいえば「家族なんてなくてもいいようにする」ということだ。現代社会は、個々人の能力を最大限に生かす仕組みにするために、たとえばほんの数十年前までは常識のように語られていた「奥さんはこういう役目、お母さんはこういう役目」といった性別役割分業をなくしてきた。子どもが老いた親の介護をする、ということも、かつては家族に求められる当然の役割だったが、今では高齢者向けの施設がある。つまり、ひとびとは家族の機能を分解し、社会の側にアウトソースしてきた。旧来的なかたちでの家族のありかたを捨ててきたのだ。

もはや「核家族」ですら古い。今や事実上の「ゼロ家族」社会なのだ。たとえ家族がいなくても回るような方向に、社会は向かっている。正確にいえば、旧来的な家族像を求めるひとも、それを拒むひとも、多様な生き方が許される社会をめざしているのだ。そうしたゼロ家族社会を支え、ひとびとのコミュニケーションをラクにし、心を満たしてくれる存在が、ロボットなのだ。高齢者を笑顔にさせるテレノイドは、その典型である。

あるいは、ひとと直接対面するのは苦手だからメールでやり取りするほうがいい、という人間は少なくない。顔は見せたくないが、ひととコミュニケーションしたい人間には、メールは最適な通信手段として支えになっている。しかしまだまだ「フェース・トゥ・フェースで生身の人間と話をする」ことと、「テキストだけで話をする」ことには、ギャップがありすぎる。このあいだに、さまざまなグラデーションをもった多様なコミュニケーションメディアがあっていいはずなのだ。テレノイドやハグビーは、その一例である。これから世に登場してくるロボットは、コミュニケーションメディアのバリエーションを、もっともっと増やしてくれるだろう。

人間はさまざまなパートナーと出会い、さまざまな人とつながることで、多様な能力を開花させていく。多様なバリエーションが許されるなかで、はじめて人間は自分らしい生き方を見つけられる。それが人間の可能性だ。人間の形態には「たったひとつの正解」などなく、「理想の人間の形態」がひとつであるわけではない。

ロボットは人間の多様なありようをサポートし、社会的な許容度・寛容さを増進させる。現在のパソコンやスマホは、ほとんどみな同じ使い方をしている。とくにスマホは、ＯＳやデザインの種類も少なく、みな同じ四角い画面のなかで、ほぼ全員がＬＩＮＥをやり、Twitterをやるという使い方が、スタンダードになっている。共通のつながり方に向かわせる力学が働いているのだ。だがロボットは、ひとそれぞれの好み、使い方が前に出てくるだろう。姿かたちの時点からしてバリエーションがあり、「こういうしゃべり方をしてほしい、こういうことをやってほしい」という用途や特性も、さまざまになる。個人によって趣味嗜好がずいぶん出るものになる。スマホは人間にとってはただの道具だが、ロボットとの付き合いにおいては、人間はまるで生きものと触れあうように、互いに適応していくのだ。ペットに飼い主それぞれの嗜好が反映されるように、ロボットもそうなる。だめなロボットを好きな人もいれば、スーパーロボットを好きな人もいるだろう。スマホは他人と同じように機能しないとすぐに修理の対象になってしまうが、ロボットぐらい複雑になると、生きもののように個性が出てきて、ひとつとて同じようには動かないはずだ。

ロボットにかぎらず、今後テクノロジーは、多様な個々人に最適なコミュニケーション方法をつくりだし、そのひとごとに調整できるように進化していくだろう。対面コミュニケーションがあまりにも重視されてきた時代には、たとえば家にこもってプログラミングに熱中しているような人間は、変人扱いされていた。しかし、本人が自宅にいても遠隔操作型ロボットを職場に置き、他者とコミュニケーションを取れるようにすれば、これからの時代にはとくに問題は生じなくなる。たとえこもりがちでも、本人がしやすい手段で誰かと通信し、健全に仕事をしていれば、社会は受け入れるようになっていく。

そうやって知らず知らずのうちに、世の中は変わり、「人間」の定義は変わっていくのだ。ジェミノイドの話をしたところで、アンドロイドの性的利用の可能性について述べた。近代以前の社会規範、とくに宗教的な戒律にもとづく規範においては、たとえば本来なら死んでいたはずの人間を管だらけにして延命させること、人工臓器や豚の臓器を移植してまで延命させることは、おそらく道具を使ってセックスをすることと同様に罪深かったはずである。生殖行動に機械を持ち込むことも、人命を延ばすために機械を持ち込むことも、ともに忌避される行為だったのだ――もはやそれを多くの人々は忘れているが。

だが人間は、規範よりも利便性を取る。新しい技術は、社会的に受け入れやすいところではいくらでも受け入れられるし、登場時点では反社会的に見えるもの、社会的になかなか大っぴらにできないことでも、強い欲求があれば、なし崩し的に受け入れていく。

テクノロジーが多様な人間のありようを認めるように進化していくということは、別の言い方をすれば、技術がこれまで想定されてきた「人間」の条件、定義を変えていくということだ。

さて、この章までで、心があるように見えるロボットから「気持ち」とは何かが見えてきたということ、また、人間らしく見えるロボットから「人」とは何かの答えのいくらかは見えてきたということを語ってきた。人間はいまや「人の気持ち」をロボットから学ぶ時代に入りつつある。

はたして人間にしかできないこと、言いかえれば「人間の本質」や「人間の条件」は、いったいどこにあるのだろうか。次章からは、それを考えてみよう。

第5章　名人芸を永久保存する――米朝アンドロイド

米朝アンドロイド（写真提供：［株］米朝事務所）

人間国宝をそのまま保存

二〇一五年三月一九日、人間国宝の落語家、三代目桂米朝が亡くなった。享年八九。僕は師匠の生前、許可をいただいて、その至芸を完全再現するアンドロイド「米朝アンドロイド」を造った。

米朝アンドロイドは、米朝師匠の「看板の一《ピン》」といった演目や小咄を三つほど再演できる。国宝級の落語の神髄が永遠に刻まれた、究極の記録媒体である。声はもちろん、仕草、動きの細部までをもコピーしており、間違えることもなく、つねに迫力のある演技をくりかえすことができる。

アイデンティティにはピークがある

晩年の米朝師匠がする落語が、師匠のキャリアの到達点だとは思うひとは、失礼ながらいなかっただろう。一九九六年に人間国宝に認定された前後しばらくが、もっとも円熟した感じを受けた。

米朝アンドロイドは、その全盛期の師匠をモデルとして造られた。師匠は本来、早口である。唇もほとんど動かさずにしゃべっていたから、若いころの口跡では、かなり注意していないと聞き取れないひともいたはずだ。しかし人間国宝になった七〇歳ごろは、しゃべりが落ち着き、多少ゆっくりとしていてわかりやすく、誰が観てもおもしろかったものである。

人間には、才能が発揮できる絶頂期がそれぞれにある。その人間の社会的な存在価値には、ピークがあるのだ。

ほとんどのひとはそう思っていない、あるいは思いたくないのだろう。だが本当のところはそうだ。このことに、僕は米朝師匠の全盛期のアンドロイドを作ることで気がついた。人間のアイデンティティにはピークがある。

スポーツ選手は特にそうだ。実力を発揮できなくなってくれば、引退する。芸術家でさえ、技能は落ちていく。枯れたところにも魅力がある、などというのは、本当だろうか。げんに「ピカソはじいさんになって死ぬ間際に描いた絵がいちばんいい」と言うひとはいない。もっと血気盛んな時期の作品のほうが、評価は高いのである。

僕自身、今よりも最初のアンドロイドを作っていたころの方だ、知的能力は冴えていたかもしれない。そこから落ちないように維持していくのは、きついものがある。年々、体力はなくなり、集中力も続かなくなっていく。僕がショックだったのは、目が悪くなったことだ。以前は徹夜も平気でできていたのに、今では夜通し作業をすると目がかすんで見えなくなってきて、文章を読んだり書いたりするのがつらい。目が悪くなると、文章を読むスピードが極端に落ちる。今は目の悪さにだいぶ慣れてきたが、急激に悪くなったときにはショックを受けた。

いっぽうロボットはいったん作ってしまえば、その価値は落ちないのではないか。もちろん、これはまだ誰も検証していないから、実際やってみなければわからない。たとえば米朝師匠のアンドロイドは、メンテナンスさえできれば、あと五〇年でも一〇〇年でも、落語をやり続けることができる。古典落語の演目は、言葉が古くなったせいで、サゲ（オチ）の意味がわからなくなることや、何を指しているのか聴き手に伝わりにくくなることはある。そういう細部は時代によって変わっていくが、しかし大筋は同じものである。五〇年後に三代目桂米朝のアンドロイドがする落語の価値が落ちるとは、到底思えないのである。

ロボットになりたがる芸術家

米朝アンドロイドのような存在が無数に出現した未来には、違う文化が生まれる気がしてならない。いま生きている人間がナマでやったほうがいい文化と、ロボットにコピーして再生できればそれでいい文化とが、今以上にはっきりと分かれていくはずだ。米朝アンドロイドを見るかぎり、落語をアンドロイドでやらせることに対して「これはダメだな」という感じはしない。

それどころか「この芸をロボットにして残してくれ」と僕に頼みに来るひとすらいる。たとえば文楽だ。僕は、有名な人形遣いである三代目桐竹勘十郎さんから「文楽を早くロボットにしてくれ」と言われている。大阪では文楽に対する補助金はどんどん削られ、後継者もなくなるいっぽうである。いまロボットに芸をコピーして保存しておかないと、貴重な伝統芸能が、後世に残らなくなるかもしれない。その危機感から、桐竹さんは僕に依頼してきたのだ。

文楽は人形を棒で動かすものであり、人間は黒子である。だから、米朝師匠のように人間の姿かたちをもったアンドロイドにしなくてもいい。名人芸を持つ人たちに棒を操作させ、モーションキャプチュアで取り込み、産業用マニピュレータ（自動制御で動く機械の腕）で動かせば十分なのだ。米朝師匠やマツコ・デラックスさんのアンドロイド一体をつくるよりも少ない予算で、文楽の動きは完璧にコピーできる。それで「型」は永遠に残る。

型さえあれば「修業しながら覚えよう」という人が出てきたときの手本になり、仮にそうした継承者がいなくなっても、僕らは在りし日の文楽を楽しむことができる。伝承者がいなくなったがゆえに消えゆく伝統芸能は、ほかにもあるだろう。そういうものはロボットを使えば残すことができる。人間がやるよりも、正確に再現できる。

それでは味気ない？　本当だろうか。

僕は米朝アンドロイドの落語を聴いた人間から「味気ない」という感想をもらったことは一度もない。もし文楽を産業用マニピュレータで動かすことが味気ないのであれば、ロボットに顔や身体をつければ済む話なのではないか。あるいは、毎回寸分の狂いなく正確に再現されることをもって「味気ない」と言っているのであれば、プログラムによってゆらぎや不確実性を持たせ、ミスやためらいに見える動作を表現すれば、そういうひとたちが考えるていどの「人間っぽさ」は、簡単に実現できてしまう。

素人が人形を動かす文楽と、三代目桐竹勘十郎さんのあのすばらしい人形遣いの動きが再現されたロボットによる文楽、どちらが見たいか。目の肥えたひとほど、ロボットを選ぶように僕は思う。

落語にせよ文楽にせよ、昔は「見て覚えろ」「芸は盗め」と言われたものだ。師匠の芸の見よう見まねで継承されてきた芸術である。それが時代が進むにつれ、文字媒体に記録されるようになり、録音できるようになり、録画できるようになっていき、記録されたメディアから弟子たちは学べるようになった。しかしたとえば落語には上下《かみしも》があり、噺家が客席に向かって左右どちら側を向いたときに偉い人が話しているのか、といった細かいルールがある。録音物を聴いているだけでは、それはわからない。ではビデオを見ればいいのか。ビデオでもまだわからない細かいしぐさや、寄席の空気感といったものがある。アンドロイドにすれば、それも保存できてしまう。

米朝アンドロイドが演じる落語には、実は観客の笑い声も入っている。米朝師匠の声だけの録音データが現存しないからだ。しかし「場の空気」まで刻印されていることにはメリットもある。アンドロイドが落語をするさいには、録音されている笑い声ごといっしょに流れる。すると観客はその場の空気にもつられてテープとまったく同じポイントで笑うのだ。もっとも、アンドロイドに録音されている音声は、席数が二〇〇から三〇〇規模のホールで録音されたものをベースにしているから、それよりずっと小さいところや、ずっと大きいところで演じさせると、ホールの反響音がおかしくなって違和感が生じることはある。しかし同規模のホールでやると、生身の人間が演じているのと同様に、完全に引き込まれてしまう。CDやDVDとは比べものにならない臨場感を体験し、観客は何の違和感も覚えずに笑っている。

このアンドロイドは、息子さんの桂米團治師匠とともにさまざまな場所で公演を行っている。ご本人と同様に高い人気を誇り、「アンドロイドが落語をする」ということに興味を持った若い人からも注目を集め、公演は常に超満員の状態が続いている。米朝アンドロイドを交えた一門の追悼公演の全国ツアーも予定されている。

アンドロイドは宗教指導者になれるか

もうひとつ、別の切り口からも、米朝のアンドロイドは示唆深いものを与えてくれる。アンドロイドを交えた「米朝一門会」を行うと、弟子たちはみんな「師匠と一緒に高座に上がっている気分になる」と言うのだ。おもしろいことに、アンドロイドと接する弟子たちは、異様に緊張している。かつての米朝師匠は弟子にたいへん厳しく、瞬間湯沸かし器のように怒りっぽかった時期があるそうだ。それが身に染みている弟子たちは、目の前にいるのがロボットだとわかっていても「気軽に触れられないし、怖い」と言うのだ。圧倒的な師としての存在感が「死んでいない」のだ。

それはつまり、仮に米朝師匠の息子さんである桂米團治師匠が四代目桂米朝を襲名したとしても、上方落語中興の祖である三代目桂米朝のアンドロイドは、米朝一門の精神的なシンボルでありつづけることができる、ということだ。

ある人間の存在感は、生きているあいだのどこかで絶頂を迎え、老い衰えていくうちにだんだんと失われていく。ひとによっては歴史に名を残すが、多くは肉体が消滅したあとは忘れ去られていく。

しかし米朝師匠のようにアンドロイドにしてしまえば、そんなことは起こらない。それどころか、大量にコピーをつくったり、世界各地に点在させることもできるのだから、存在感が増す可能性すらある。社会的に死ななくなるのだ。そうしたアンドロイドが増えてくると、人間同士のつながりや、社会構造は変わっていくはずだ。

アンドロイドが重宝されるのは、落語家や歌手、役者といったアーティストに限らない。これからの宗教や政治団体は、教典や綱領のような文書ではなく、教祖や初代党首の動くアンドロイドを通して、支持者に考えを伝えるものになる——そんなことも考えられるのではないか。

社会主義国家では、国の創始者や指導者の偶像を建設し、遺体を保管してきた。たとえばロシアには、ロシア革命を成し遂げ、世界初の社会主義国家を建設したレーニンの遺体が防腐処理され、安置されているレーニン廟がある。一九二四年に亡くなったレーニンの遺体を保存しようとした技術は、しかし、今日の水準からすればお粗末なものだ。現在ではレーニンの顔の皮膚は傷み、お尻の皮膚を移植していたりする。

だが、僕たちのアンドロイド技術なら、何倍もきれいにその姿を保存しておくことができる。いや、本物の遺体以上に、僕のチーム（アンドロイドのメカを造るエノラボ、顔の造型をする自由廊などから構成される）がつくるアンドロイドの方がよほど「人間らしい」はずだ。呼吸のしかたや動作のクセ、声やしゃべり方までもが自然に再現できるのだから。ほかにも毛沢東や金正日といった指導者たちも銅像になり、あるいは遺体が保存されているはずである。こうしたものが、今後はアンドロイドで遺されるとしたら……。銅像や遺体以上に、国家や思想のシンボルとして民衆の前に現前し続けるはずである。

こうしたかたちで、ひとは永遠に存在感を保てる可能性がある。米朝アンドロイドをつくったように、文化人や政治家、宗教家をはじめとする有名人の演目や演説は、アンドロイドにすれば半永久的に遺すことができる。広範な影響力をもった重要な人間を生かし続けることは、歴史や文化を激変させるだろう。

たとえば、政治や宗教のリーダーをかたどったアンドロイドがいれば、カリスマ本人がその場に行って話さずともよくなる。キリストは宗教画や像として後世に残されたが、十字架にはりつけられたキリスト像は、言ってしまえばキリストのアンドロイドであった。あの姿を見ながら、信者はキリストの存在を感じつづけている。つまり、強い影響力を持つ人たちは、ある瞬間を切り取ってアンドロイドにしてしまえば、永遠の存在感を持ちうる。これまでほとんどの人間は、死後だんだんと忘れられるものだった。しかし米朝師匠のようにアンドロイドにしてしまえば、忘れさられることはなくなるだろう。

そして指導者たちをアンドロイドにすれば、その教えや遺言を、何度でもリピート再生できる。

あるいは、やることが決まっている伝統儀礼を執り行うのが宗教的なカリスマの役割なのであれば、ほとんどは遠隔操作型アンドロイドで事足りる。「この役職にある人間は、こう振る舞う」という形式を代々受け継ぎ、そのとおり繰り返すだけだからである。宗教的な儀式の多くでは、使う言葉は限定されており、動きも緩慢だ。公的な行事を担う人間の多くは、個性などむしろない方がよく、その意味ではそもそもがアンドロイド的な存在だとも言える。おごそかな儀式に鎮座する存在が、大酒飲みでベロベロになって登場するようなことになってはまずいわけだ。

おそらく、これまでに僕の研究室で培った技術を使えば、たいていの宗教的指導者や各国の王族が式典のさいに行う動きを、完璧に再現させられる。どころか、録音物から音素をつなぎ合わせてどんなことでも構成できるような技術もあるから、言葉を自由にしゃべらせることもできる。亡くなってしまった宗教家のアンドロイドを作って甦らせることもできるのだ。

影響力の大きい宗教を始めた人は、何らかの偶像で必ず残っている。

先のキリストの十字架もそうだし、仏像もそうだ。これからは宗教家も人間国宝も、みな技術的にアンドロイドとなって永遠に残せるようになる。そうなれば、これまでの技術革新の歴史が見せてきたように、そこには光と影があらわれる。

そうなったときに、どういう社会が来るのか。ロボット化社会において人間の中味の何が変わるのかを、僕らは考えておかなければならない。これはSFの世界の話ではない。

ロボットと宗教

少し寄り道になるが、ロボットと宗教の関係を考えてみたい。

ロボットは人類の死生観を変え、アイデンティティの概念を変える。

そして、宗教のありようも変えてしまうだろう。

ここでは未来のロボット化社会において宗教はどう変わっていくのか、について想像してみたい。宗教のありようには「人間とは何か」を考えるヒントがある。

そもそも宗教と社会はいかに関わってきたか。

キリスト教や仏教は「大きな宗教」である（「だった」と過去形で呼んだほうが、いいかもしれない）。人間とはいかなる存在なのかということを規定し、その価値観は、社会のなかに矛盾なく入っていた。

しかし科学が発達し、教典に書かれていたことの多くが「科学的には正しくない」とされ、その世界観がひっくりかえされはじめた。天動説に対する地動説、神による創造説に対する進化論を例にあげれば十分だろう。

すると、宗教が定めていた人間の価値やあるべき生き方が、ひとびとのなかで揺らいでいく。「人間の価値など、本当はよくわからないのだ」と思い始める。

近代科学や市民革命以降に発達した民主主義の思想と衝突せずに社会になじませるために、大きな宗教は世俗化していった。ひとびとに強い規範意識を植え付ける「教え」としての側面を薄めていき、冠婚葬祭や年中行事のような日常に溶け込んだ「文化」になっていったのだ。僕らはなんとなく「お寺参りに行こうか」とは言うが、仏教の説くところの中身を真剣に信じ、何か教えを守っているのではない。カソリックが強い地域の人間でさえ、なんとなく日曜日は教会に行き、みんなで歌をうたって帰ってくることが習慣になっているだけで、聖書に何が書かれているのかなど、まともに理解していない者も多い。

そもそも、ある価値基準をもった教えを万人に広めていくにあたり問題になるのは、矛盾のないことを言うのが難しい、という点である。「誰でも救われるし、何をしてもいい」などという宗教は、規範として機能しない。「○○な人間は救われる。○○しないやつはダメである」と決めなければ求心力を持ちえない。そういう絶対的な価値基準を示せば示すほど、多様性は認められなくなっていく。しかし宗教勢力が拡大し、社会に根付いていく過程ではどうなってきたか。取り込もうとする母数が増えれば増えるほど、あたりさわりのないことしか言えなくなる。このトレードオフの関係が、宗教と社会の関係を考える上でのポイントである。

キリスト教も、誕生した瞬間にはどうだったか。イエス・キリストはユダヤ教徒や当時の権力者たちから弾圧をうけ、処刑された。初期のキリスト教は、社会にとっての異物であったのだ。しかし徐々にその先鋭さをひそめ、教えをうまく丸めていくことで、社会と共存できる存在になっていった。だが世俗化が進むと「教え」は形骸化し、冠婚葬祭のときには教会に行く、というような習慣だけが残る。

するとそのスキマに入りこむように、絶対的な基準や価値を強烈に訴える「小さな宗教」が乱立し、それぞれが特定の志向を持った人間を集めるようになる。地下鉄サリン事件を起こしたオウム真理教のように、信者以外には荒唐無稽で偏った考え方に見える団体でさえ、信じる人間はいくらか出てくる。過激であったり、先鋭的であったり、難解であったり、あるいは逆に馬鹿馬鹿しいがために規模はあるていど以上に大きくなりようがない集団が、無数にあらわれるようになっている。それが現代の宗教をめぐる状況である。

しかし、ある集団が信じる絶対的な価値と、別の集団が信じる絶対的な価値とは、両立しえない。だから絶対的な価値を信じる集団が起こす行動は、反社会性を帯びやすい。それでも規模を大きくしようとする教団は、かつてのキリスト教のように教えを薄め、多様性を認めるようなかたちで近代的な市民社会になじんでいく。あるいは規模を小さく保って衝突を避け、社会から遊離した場所にカルト的なコミューンを作る場合もあるだろう。強くなりすぎ、社会と衝突するようになった宗教団体は、法律をはじめとする近代的な市民社会のルールによって裁かれ、弱まるほかなくなる。宗教は、強くなると反社会的になる。薄めて広まると、今度は規範としての力が弱くなる。この間で揺れ動いてきた。

そして欧米の近代国家は、さまざまな宗教を包摂する受け皿としての民主主義国家を築きあげ、バランスを取ってきた。

そこにあらわれたのが、インターネットのソーシャルネットワーク・サービスである。これらのサービスは、テクノロジーの力で人間集団を細かく切り分け、これまで以上に、特定の人間の集まりを作りやすくした。宗教に限らず、あらゆる趣味嗜好に応じた小集団が形成されている。ひとびとが求めた「自分の意見が通りやすい社会」「自分と同じものを信じる者の集まり」をミニマムに実現できるようにした。これまでであれば、変わった趣味や危険思想をもった集団は、どれほど小さくとも現実空間のどこかで集まらざるをえず、それゆえに人目に触れ、場合によってはいぶかしく思われることになったはずである。しかしネット上ではどんな奇異で極端なひとびとでも、匿名的に居心地のいい場所を作ることができる。危険な考えを持っている人間どうしでも、簡単に集まることができる。

すると、欧米的な価値基準や高度資本主義経済のシステムのなかで生きづらさを抱え、あるいは貧しいがために不平等感を抱く人間たちは何をしはじめたか。「イスラーム国」

のような集団を、インターネットを活用してつくるようになったのである。インターネットがもたらした情報社会革命は、これまでであればアクセス不可能だったデータや映像に簡単に触れられるようにした。富める者のすがたも、貧しい自分たちのすがたも、なぜそうなってしまっているのかというメカニズムまでをも、白日の下にさらしたのである。「機会均等」だとか「努力すれば報われる」といった近代社会の建前がウソであり、人間はどうしようもなく不平等であることを、高度情報化社会は明らかにしてしまったのだ。そんな状況に不満を抱く層のリーダーは、同じ境遇にある者たちに対して新たな価値基準を示して結集させ、近代社会に対して反旗を翻すようになった。イスラーム国は、ネットを巧妙に使う、情報戦に長けた集団である。インターネット社会だからこそ誕生できた、反社会的な「小さい宗教」の典型である。

とはいえしかし、僕はイスラーム国の話をしたいのではない。

先ほどまで述べてきたように、人間の経験を拡張するロボットが社会に広がった先に、いったい宗教はどのようになるのか、ということを想像してほしいのだ。

ロボットは「聖なるもの」になりやすい

ロボットは半現実で半仮想の存在であるがゆえに、これまでとは異なる宗教のありようを作り出すだろうと、僕は思っている。

ロボットは、物理的に実体として存在しているという意味では現実世界のなかにある。しかしひとの思想をデータとしてコピーして伝えることもできるという意味では精神的な存在であり、その前提としてインターネットやセンサネットワークというある種の仮想世界とつながっている。これが「半現実で半仮想」という意味だ。

イスラームはキリスト教以上に厳格に偶像崇拝を禁じているものの、大半の宗教では、教祖や政治的な指導者が崇拝や尊敬の対象になる。ローマ法王でも麻原彰晃でもビン・ラーディンでも誰でもいい。そういうリーダー的な存在がアンドロイド化される日は近いのだ。そして十字架にはりつけられたキリストを見ればわかるように、人間は偶像に「人間を超えた何か」を見る。リアルに存在しているにもかかわらず、純粋な精神的存在（仮想的存在）にも見えるロボットは、宗教と結びつきやすいはずである。狂信的な教えを説く教祖のアンドロイドは、信者に「ここには人間以上の精神的な価値をもった存在がいる」と思わせやすい偶像となるだろう。

人間の汚く、醜い部分を嫌うひとは多い。偶像にはそうした人間のおぞましい部分、見たくない部分がない。ロボットもまた、人間の汚い部分が捨て去られた存在である。ロボットは、人間が憧れる偶像として機能しやすいのだ。ひとは精神的な意味でも、そして肉体的な意味でも、人間離れした美しいものになりたがる。

余談だが、たとえばアイドルもまた、アンドロイド的な存在である。「きれいになりたい」ということは、人間をやめ、ロボットになりたいという願望に通じている。僕が関わったものとしては、香港でアンドロイドがアイドルとして活躍した例がある。たった一八日間の活動だったが、香港で一番大きなショッピングモールのもっとも広いスペースの真ん中で花に囲まれ、人々の前で歌を歌い、モールの案内をした。

すると、毎日見にくる熱狂的なファンも生まれ、その様子は香港のみならず、世界中の新聞やテレビで何度も紹介され、YouTube にも多数の動画がアップされ、爆発的なアクセスが起こった。アイドルは往々にして人間としての汚い側面を一切見せないように情報がコントロールされている。ファンも、そのアイドルがどんな人間かを想像するときには、トイレに行くだとか、罵詈雑言を撒き散らすだとかいった様子は想像しない。しかし人間のアイドルであればトイレに行かないわけにはいかない。だがアンドロイドのアイドルはトイレにも行かないし、嫌な顔はもちろん見せない。そもそも疲れることがない。いつも微笑み、いくらでも歌を歌ってくれる。

人々が考える「人間らしさ」には、嘘をつくとか汚い言葉を使ってしまう、排泄をするといった、美しくないことも含まれている。そして人が考える「美しさ」には、汚く醜い部分を排除した非人間的なものが含まれている。つまり人間が理想とする「美しい人間」には、突き詰めればアンドロイドしかなりえないのだ。美しさをより体現できるのは、機械やアンドロイドであって人間ではない。

人間は非人間的なもの、偶像に憧れる。不老不死を求め、アンチエイジングを試みる人間は、人間になりたいわけではない。ロボットになりたがっているのだ。

話を戻そう。

宗教と社会の関係には、いくつかのターニングポイントがあった。科学技術と民主主義が発達した近代以前と以後、そしてインターネットが普及する以前と以後で、大きく姿を変えた。今はロボット普及以前と以後の、あいだの時期にある。次に来るロボット以後の世界では、偶像としてのロボットがうまく使われる世の中になるはずだ。

インターネットと宗教が結びついた現在の状況を、ロボットはさらに変える可能性がある。それがどんな世界になるのかは、まだ誰も知らない。

　考えるべきは、ロボットが街中にあふれている社会において、僕らはどんな宗教、どんなソーシャルネットワークを作るか、ということだ。学者にしろクリエイターにしろ、こうした発想がなさすぎる。ロボットが登場するSF映画の多くは、この視点をもっていないがゆえに、薄っぺらいものになってしまっている。たとえば映画『アイ、ロボット』には、街中をロボットがたくさん歩くシーンは出てくる。けれども、ひとびとの規範になる宗教のありようや、ネットワークが発達した未来の社会構造が、ロクに描かれていない。ただの「ロボットがたくさんいる社会」なのだ。人間とロボットの本質的なかかわりを描ききったSF映画は、いまだ存在しないと言っていい。街中にロボットがあふれたとき、はたして今のソーシャルネットワークは、宗教はどう変わるのか？　ロボットが社会にどう組み込まれるのかが、イメージしきれていないのだ。

　多くの人間は、ロボットが街の中にあふれる近未来にも、今と変わらず絶対的なものを求めているだろう。世界から宗教がなくなることはない。しかしインターネットが世の中を変え、宗教と社会の関係にあらたなフェーズをもたらしたように、街にロボットがあふれれば、社会的な構造は変わる。そのときには、人々がよりどころにするものも、かたちを変えているはずである。

ロボットが人間の死生観を変える

アンドロイドが普及し、価格が安くなれば、普通のひとも死ぬ前に自分の姿を遺せるようになる。すると生きている人間の死者との付き合い方も、大きく変わるのではないかと僕は思う。

以前、バルセロナに行ったときのことだ。バルセロナにはヨーロッパで一、二を争う有名な墓地がある。歴代の名家、大金持ちが埋葬され、棺が納められている。その場所には小さな家が建っており、教会もある。死者のための屋敷があり、町があるのだ。来訪者は、そこでお祈りをする。僕は思ったのだ。「棺の中から先祖のロボットが出てきてしゃべってくれたら、絶対おもろいな」と。

子孫に遺しておきたい代々の家訓や遺言があれば、今後はロボットに託しておくことができる。日本人もお盆には墓参りをし、仏様の偶像の前で手を合わせ、あるいは神社で拝んだりする。しかし先祖や菩薩、八百万《やおよろず》の神々に直接会えるわけではない。先祖をロボット化しておけば、僕らは歴代の血族たちの「生き写し」の姿を確認し、言葉に触れることができるようになる。

僕が小さかったころ、親や祖父母は「お盆には線香の煙に乗ってご先祖様の魂が帰ってくる」と真剣に信じていた。しかし科学技術の進歩は、そうした精神世界に関する幻想の多くを破壊してしまった。僕はもうお墓参りにも、ろくに行かない。今もお墓参りをしている人たちですら、大半は「祖先の霊魂が近くに来るから会いに行く」のではなく、年中行事のひとつに組み込まれているから惰性で、生活習慣として行っているだけだ。

そうであれば、仏の偶像や無機質な墓石を拝むよりも、祖先のアンドロイドと顔を合わせる方が、よほどいいのではないか。

なぜひとは仏壇に手を合わせ、墓参りをするのか。亡くなった近親者を思いだすこと、あるいは「自分がいまここに生きているのは祖先のおかげだ」と敬い、自分の存在の意味や、生のありがたみを確認することが目的だろう。だとすれば、死者の生前の姿を保ったアンドロイドと対話するほうが、よほど胸に刻まれるものがあるはずである。

人類が家族や親族を大事にし、集団をつくり、宗教団体をつくってきたのは、ひとりの力が弱いからだ。たったひとりでは衣食住を確保することもできなければ、子孫を残すこともできない。だから家族を頼り、集団を頼る。それが、社会が存在する理由である。

しかし科学技術や経済が発達し、食糧の供給も安定して豊かになると、近代以前ほどには「家族や組織で支え合わなければ、死んでしまう」という恐怖は感じなくなり、ひとは個人主義的になる。身勝手になっていく。家族や村、自分が所属する集団に対して強いつながりを感じなくても、生きていけるようになる。しかし逆に、つながりが薄まってしまった今日だからこそ生じる落とし穴もある。ふと「自分のルーツは何なのか。どこで生まれ、どんな家系だったのか」を知りたくなったとしよう。おそらくはそれなり以上の家柄でもなければ、たどる経路がないだろう。

あるいはいま、僕の目の前にはコップがある。コップは机の上にある。机は大学の研究室のなかにあり、研究室は地球の上にあり、地球は太陽系のなかにある。太陽系は銀河系のなかにあって、銀河系にはさらにその外部がある。そして宇宙はいまもすさまじい速度で膨張しつづけている。こう考えていくと、僕は寒気を感じてくる。自分は一体どこに存在しているのか。なぜいま、こんなところにいるのか。宇宙の果てと、いまここにいる自分とのあいだに、どんな関係があるのか。宇宙の歴史のなかで、僕がいま存在している意味とは何なのか。

そのすべてに対して答えを出すことは、誰にもできない。ただ歴代の祖先のアンドロイドがいれば、なぜ自分はこの家に生まれ、どんな歴史をたどってきたのかを、少しは垣間見ることができる。現代では薄れてしまった家族や社会とのつながりを、多少は感じ取ることができるようになる。現代人が抱える孤独や不安のいくらかは、仏像や墓石以上に、先人のアンドロイドの「存在感」が解消してくれるだろう。

それに、自分の姿を後世に遺せるようになれば、ひとは死後の世界を信じなくてもよくなるかもしれない。ひとは生きる意味を求め、存在不安にさいなまれ――そして、ひとによっては、死後の世界を信じる。死後に自分の価値を残したい、亡くなったあとも誰かに評価してほしいという想いがあるからだ。誰でもアンドロイドを遺せるようになれば、自分の最盛期の似姿、語り、動き、記憶や思想……そのほとんどを半永久的に保存することができる。古来より人が抱いてきた、不老不死の命への憧れが解決できる。アンドロイドというかたちで、ひとは死ぬことなく、永遠に生きられる存在になる。

星新一賞選考で出会った「墓石」のロマンティシズム

こうしたことを予感させるフィクションも、数は少ないが存在している。

僕は日本経済新聞が主催するSF小説の新人賞「星新一賞」の第二回目の選考委員もつ

とめたが、そこで出会った岩田レスキオ氏の「墓石」は、まさに僕が考えていたようなことが描かれていた。この新人賞はSF短編を募集したものだが、実はロボットについて書かれた応募作は決して多くなく、しかも応募作のすべては、僕の想像力の、予測の範囲におさまるものであった。

しかしそのなかでは、準グランプリ（IHI賞）となった岩田レスキオ氏の「墓石」という作品を推し、以下の選評を書いた。

本当の幸せはどこにあるのか、ロボットの命の永遠性は人間とどこで深く関わるのだろうか。人間とロボットのほのぼのとしているようで、少し怖いような、不思議ながらも可能性のある未来を描いている。

「墓石」は、死んでアンドロイドとなった男が、生きている家族と交流する物語である。生前の人格や姿をコピーされたアンドロイドは、しかし、おおっぴらに歩かれると生きている人間と区別が付きにくく、社会的に混乱をきたすということで、「墓石」というかたちで存在することしか許されていない。墓地の外には出られないのだ。だがそこに娘が会いに来て、彼氏ができ、結婚し、トラブルを経験するさまを話してくれる。やがて生きていた妻も亡くなり、自分の隣にやはりヒューマノイド＝墓石として立つようになる……。

この作品でのアンドロイドの使われ方はロマンチックで、あったかい感じがした。人間はみな、最後はアンドロイドになり、永遠の命を得る。僕が注目したのは、死んだお父さんがアンドロイドになると、今生きている娘が、父がいる墓にあたかも「帰ってくる」かのように訪れることだ。ロボット化社会が到来した未来における家族とは、こういうものかなという気がする。娘は、もはや老いることのない父とのコミュニケーションの時間を大切にし、変わらない家族の姿をよりどころに生きている。この作品で描かれているのは、悪くいえば「過去に縛られて生きる」ということ、よく言えば「家族の幸福な思い出の中に生きたい」と思う姿である。これは、人間の本質的なありようだと思うのだ。

人間には、僕のように新しいものをどんどん作っていかないと我慢ができない「未来を向いて生きたい人」と、「豊かな記憶に包まれた過去に生きたい人」がいる。「墓石」には、後者の理想を実現したような社会が描かれていた。父の似姿を模ったアンドロイドを見て、娘は家族で過ごした幼少期の幸福な時間を思い出すのだろう。父の墓石＝アンドロイドは、ただの機械ではない。会うたびに美しい記憶を呼び戻し、安心感を与えてくれる、非常に豊かな情報をもった存在なのだ。

このように、ノスタルジーを喚起する過去志向型のアンドロイドの使い方は、わかっていたつもりだったが、改めて再認識させられたから、僕は高い評価をつけた。

葬式を必要とするロボット——「ワカマル」死体遺棄事件

一方で、人間がロボットの「死」によって死生観を変えることもあるだろう。

以前、三菱重工がつくったコミュニケーションロボット「ワカマル」を、大学のゴミ捨て場に大量廃棄したことがある。ワカマルは平田オリザ先生が演出したロボット演劇『働く私』にも出演したことがある。黄色く、垂れ目をしたロボットである。

研究室に置いてあったワカマルは老朽化して修理しきれなくなり、捨てざるをえなくなった。大学の備品は、研究内容の流出を防ぐ目的などから、自分たちで完全廃棄をしなければいけない。だから特別な回収業者と大学が契約し、備品は完全にスクラップにし、価値をゼロにして処分をする決まりになっている。そしてそのため、大学の廃棄場はカギのかかる檻になっている。僕は大学の規則に従って、ワカマルたちが盗まれないよう檻に入れ、カギをかけて捨てた。

だが、捨てられたワカマルを見た学生が写真付きで「どうしてこんなことになったんですか？」というようなつぶやきをTwitter上に投稿してしまった。するとその後たった一時間のあいだに日本中の人間がリツイートし、研究室にも大量の問い合わせが来てパニックになった。「かわいそうだ」という苦情が殺到したのである。しかし「かわいそうだ」と言われても、大学の備品である以上、個人にくれてやることも許されないし、勝手に拾った人間は「横領罪」に問われてしまう。捨てるしか道はないのだが、あまりの批判に悩んだ末、研究室にはもはやスペースがないながらも、ワカマルを引き上げ、何体かは博物館に寄付した。残りは処分もできず、研究室にしまってある。

この「ワカマル死体遺棄事件」からわかったことは何か。

ワカマルのような活動するヒト型ロボットは、すでに「社会的な人格」を持っている、ということである。だから人は捨てられたワカマルに対して「かわいそうだ」と思い、大騒ぎする。人間の死体をゴミ捨て場で見つけたのと同じような反応を引きおこしてしまうのだ。

研究室にとっては思わぬ災難だったが、僕はこの現象自体がおもしろくもあった。ロボットにも弔いが必要だと気付かされたからだ。こうなってしまったら、もはや人間が亡くなったときのように葬式をする以外にない。みんなが見ている前で供養をし、焼却処分をするのであれば、捨てることにも納得してくれるのだろう。すでにロボットは、葬式を必要とする対象になっている。

ひとびとに一定以上認知されたロボットは、ゴミ捨て場にあるとまるで人間の死体が遺棄されているかのように「気持ち悪い」「ひどい」という扱いを受けてしまう。アニメ『攻殻機動隊』の映画では、義体（サイボーグ）がたくさん捨ててある不気味な様子が描かれている。あれは絵空事ではない。僕の研究室では現実に起こった話なのだ。大量の人間型ロボットを同じ場所に捨てることは、感情的な反発を招いてしまうのである。葬式をするか、あるいはどれだけ手間がかかろうと、人目につかないように工夫してバラバラにしてから廃棄するなりしないことには、大騒ぎになる。これからヒト型ロボットが普及していくと、こうした社会問題は間違いなく起こる。実際、ソニーが開発した犬型ロボット「アイボ」の修理窓口が二〇一四年に終了し、ニュースになった。多くの「飼い主」が、「もう壊れたら捨てるしかないのか」と悲嘆に暮れていた。

しかしわれわれは、ロボットをどのように埋葬すればいいのか？　これはむろん、法的な意味ではない。社会的な風習として、である。このことに関する社会的な議論は、いまだほとんどなされていない。そして壊れたロボットに対して、たんに「モノが壊れた」という以上の強い喪失感を抱く人間とは、いったい何なのか。こういう問題に対しても、ロクに考えられたことはない。

人間よりもロボットが「劇的な死」を迎える

「ワカマル死体遺棄事件」のほかにも、ロボットの死がわれわれの死生観を問い直させるエピソードがある。

あるとき、僕の姿をしたジェミノイドを使用中、偶然誰かが非常停止ボタンを押してしまった。ジェミノイドの体からはシューッと空気が抜け、静かに全身が弛緩していった。そして、最後は口や目を見開いたまま、天を仰ぐように椅子の上で反り返ったのである。僕の姿をしたジェミノイドがしぼみ、脱力していく姿を見て、誰もが現実の僕が死んでいくさまを思い浮かべた。このとき、ロボットに対して人間らしいとか人間らしくないという思いは、すべて消え去る。ただ「死んでいく」としか思えなかった。恐怖は感じるが、不気味ではない。厳然とした人間の死を感じたのである。

もちろん、ロボットが本当に死ぬわけではない。ふたたび電源を入れれば、簡単に復活する。しかし、ロボットが備えている空気アクチュエータの電源を切り、空気が抜けて全身が徐々に脱力し、からだを倒して崩れていく様子は、何度見ても「死んでいく」すがたにしか見えないのだ。

みなさんは、人間が死ぬ瞬間を見たことはあるだろうか。現代社会に生きるほとんどの日本人は、死の瞬間を見たことなどないだろう。ヒトが死を迎えるのはだいたい病院においてであり、病院では薬を大量に投与され、苦しまないように——「気がついたら死んでいた」という感じで寿命を終えることが大半である。絵に描いたような「壮絶な死にかた」をする人間は今や少ない。現実の「人間の死」は、もうほとんど「らしさ」を感じさせない死しか経験できないし、目撃されることもない。

対してアンドロイドのスイッチを切って擬似的な死を与えることは、いくらでも可能であり、いくらでも演出をかけられる。アンドロイドのほうが、よく映画のシーンでわれわれが観ている「壮絶な死」「劇的な死」を再現できる。

現代社会では、人間に精神的ショックを与えないように配慮した結果、ヒトが苦しみ死にゆく様子をはじめとする「生々しいもの」にどんどん蓋がされていった。だから僕らは

「人間の死」を見ることがない。人間は、人間らしくなくなっている。

人間はもはやロボットの死を悼み、現代人が失ってしまった「人間らしい死」をロボットに再現してもらうほかない。人間はロボットから「人間らしさ」を再発見しているのだ。

未来は勝手にやってこない

アンドロイドが普及すれば、それらは芸術や思想の一部を担い、祖先と子孫との対話を可能にし、人類の死生観を劇的に変えていくだろう。そしてその未来は、そう遠くない。

未来がどうなるのか、どんな未来がやってくるのか、これは実際のところ誰もわからない。もしわかる人がいるとすれば、それはどういう未来を作りたいのか、それぞれが想いを持ちながら、日々さまざまな技術開発に携わっている技術者やクリエイターだろう。たとえばスティーブ・ジョブズはパソコンで世の中を変えようとした。誰もが簡単にパソコンを使える世の中こそが来たるべき社会だと思い描き、アップルコンピュータを立ち上げた。同様に、技術者たちはひとりひとりが将来どういう技術で世の中を変えるのか、どういう技術で世の中を便利にしようか、そういう夢を持っている。だから、「これからどういう未来が来るのか」と問われれば、僕は「自分はどういう未来を作りたいか」を語ることにしている。未来は勝手にやってこない。

僕は未来を作るひとりとして、人間とロボットが共存する社会を考えている。その過程で、いま以上に人間について深くわかることがあるはずだ。そう思いながら、研究開発に携わっている。

もちろん、バラ色の未来だけではない。ロボットと人間が関わることで、摩擦も起きていく。

第6章
人間より優秀な接客アンドロイド
――ミナミ

ミナミ

ミナミの接客テクニック

今や人間よりも高い成績を収めるロボットや人工知能は、数知れない。工場で生産にたずさわるロボットや、金融のトレーディングを行うプログラムなどが代表的なものだが、服を売るようなサービス業でも、もはやそうなりつつある。

大阪タカシマヤでは、大阪大学の小川浩平助教らを中心に開発した接客アンドロイドの「ミナミ」が服を売っている。販売員としてのミナミの成績は優秀だ。高齢者や男性に対しては、人間よりもいい成績を出している。

来客者は、ミナミとタブレットコンピュータを通じて対話をする。他のお客さんもたくさんいるデパートでアンドロイドに対して声を出して話しかけるのは、なかなか勇気がいる。だがタブレットのディスプレイに示される選択肢を選んで操作すると会話してくれるものなら、抵抗感は少ない。ボタンを押して機械を操作するのは、日常的な行為だからだ。

ミナミは、あらかじめ来客者が聞きそうなことをいくつか質問として想定しておき（たとえば「お名前は何ですか」といったことである）、その後はいくつかのシナリオをベースに対話が進むようにしている。やって来たお客さんはミナミの前に座り、タブレットに示される「男性？　女性？」「何をしに来ましたか？」といった質問に対して、選択肢のなかから選んでいく。ミナミは男のお客さんの場合には男の声で、女性のお客さんの場合には女性の声で、ときには微笑みながら、身ぶり手ぶりを交えて答える。

客が操作するタブレットのディスプレイに表示される会話の選択肢は、基本的に四つである。そのうち三つはポジティブなこと、ひとつは「そんなこと言うて、また買わそうとして」といったようなネガティブなことを必ず入れている。これがミナミの接客テクニックだ。

強い口調で叱責した相手に対して、そのあとバツが悪くなって「君にもいいところはあるよ」などと、あわててフォローしたことは、誰にでもあるだろう。おもしろいことに、人はロボット相手でも同じことを思うのだ。ミナミに対して一度ネガティブな回答を選択した人間は、負い目を抱くからか、次にはポジティブな選択肢を選ぶことが多い。「また買わそうとして」と軽口を叩いた客は、そのあとミナミをフォローしようとして「ちがう色の服はありますか?」など、買い物に一歩踏み込む選択をするようになる。

僕らはミナミと人間とのコミュニケーションを定量的にすべて追っているが、人間が「ネガティブなことを伝えたあとはフォローに走る」傾向は、統計的に明らかである。人と人のコミュニケーションでもそうだ。人は初めて関係する相手に対しては、ポジティブな印象とネガティブな印象を往き来し、感情を揺らし、一歩一歩値踏みをしながら、相手をだんだん信用していく。いいことばかり言われて好悪の波が生じない相手は、逆に信頼しにくい心理を持っている。だからアンドロイドとの対話の選択肢には、ネガティブなものも、必ず用意しておかなければいけないのだ。

しかしこれだけでは、ミナミの方が人間の販売員よりも好成績な「売上」までを達成できる理由を説明できない。なぜなのだろうか。

ふつう、僕らが服屋に行った場合、人間の店員に話しかけるのは、あるていど服を買おうという意志をもって行動しているときである。言いかえれば、店員に話しかけることは「その服を買わなければいけない」というプレッシャーにつながっている。しかしたとえば試着して気に入らなかったときや、よく見たら似合わなかった場合には、断らなければいけない。むこうは売るのが仕事だから、似合っていなくても「お似合いですよ」と言って買わせようとするかもしれないし、あれこれいらないものまで薦めてくるかもしれない。それを断る必要を想像してしまうと——非常にめんどうくさい感覚をおぼえる。

ところがアンドロイドに対しては「ロボットだし、イヤなら無視すればいい」と人間は思う。だからほとんどのひとは、ミナミに話しかけることに抵抗がない。いつでも断れると思っている。逆説的だが、断れると安心しているからこそ、積極的に買い物にのぞめるのだ。人間相手に服を選ぶさいには抱く抵抗感が、ミナミを前にすると薄くなる。こうした心理状態にあることは、アンケート調査で裏づけられている。

もうひとつおもしろいのは「アンドロイドは嘘をつかない」という信頼感である。

ミナミも人間の店員同様、接客時に「お似合いですね」と褒める（ミナミにはカラーコーディネートのシステムが入っているので、やみくもに「似合っている」と言うわけではない）。コンピュータに「お似合いですね」と言われると、なんとなく正しいこと、本当のことを言われている気分になる。人間の店員に言われたときには「腹の中では思っていないくせに、売りたいがためにそんなこと言って」と疑いの念を持つことも多い。だが、ミナミに言われると正確なことを言われた気になる。そして「本当に似合っているなら買おうかな」と思ってしまうのだ。

また、アンドロイドは休まなくていいから、人間よりも数多く接客できるという利点もある。人間の店員が一日にこなせる接客数は二〇人ぐらいが限界であるという。しかし、アンドロイドは四〇人を超える。これには体力的な限界がないことにくわえ、さきほど述べたように「話しかけやすい」からこそ接客数が増える、ということもある。

これらの理由から、ミナミは高齢者と男性に関しては、全接客者数のうち、四分の一から二分の一の確率で何かしら販売することに成功している。これは人間の店員の平均をはるかに上回る、とんでもない成績なのだ。

女性への販売が上手くいかない理由

ただし、女性への販売成績は、その一〇分の一以下である。

先に述べたように、ミナミにはカラーコーディネートのプログラムを入れている。どういう色がその人に似合っているかをいくつかの質問を通して調べてくれるわけだが、カラーコーディネートは人間の専門家に頼むと一万円ぐらいかかるのだ。ミナミであればタダで受けられる。それを知っている女性は無料のカラーコーディネートを受けるだけ受けて「ありがとう」と言って別のところに行ってしまう。現金なものである。男性はコーディネートしてもらうと、そのままミナミと最後まで話をし、購買に至ることが多い。ただし、実は女性服に関してもミナミの導入後、売り場全体の売り上げが一・五倍になっている。

だから、カラーコーディネートをタダでしてもらった女性客も、何割かは結局あとで買いにきていることは間違いない。男性は気に入ったものがあればすぐ買うし、目的を果たせば帰ってしまう。女性は気に入ったものがあったとしても、あちこち一通り見てまわる。そしてそのあと、戻って来てやはりはじめに気に入ったものを買うようなことがある。ショッピングするときの行動パターンが男女ではまったく違う。ミナミに対する態度のちがいも、おそらくはそういうことなのだろう。

加工食品や工業製品の生産現場では、人間よりも機械の方が大量に、正確に作ることができることに異論を挟む者はいない。だが、ミナミは、接客業においてもロボットが人間より信用され、好成績を挙げる可能性を示している。

スマホに動かされている人間

こんにちでは、人間の活動の多くがロボットに取って代わられている。ロボットが進出する領域は、ますます増えていく。

現在の予測では、人間がしている仕事の最大七五パーセントが、人工知能によって取って代わられる、とするものもある。オックスフォード大学の研究では、この一〇年から二〇年の間で、電話セールス、データ入力作業、証券会社の事務、スポーツの審判、銀行窓口業務、車の運転業務などが人間の手を離れるという。また、最近では新聞記者の仕事さえも人工知能が一部代行できるようになっている。いつ、どこで、だれが、何を、なぜ、どうやってしたのかという「5W1H」のみを伝える記事やニュースについては、人工知能が情報を分析し、文章を構成してしまえるのだ。

むろんロボットにできない作業もまだまだたくさんある。たとえば詳細な解説記事やコラム、雑感を交えた記事の執筆は、今のところ人工知能には無理だ。だが、「ロボットにはできない領域」は年々狭まっていく。

たとえば「人間は高度な意思決定ができる（する）が、ロボットはできない（しない）」と、ひとは言う。これは本当なのだろうか。

実際のところは、人間は意思決定さえもスマホに任せ、スマホを運ぶ道具になり果てている。自分でほとんど意思決定することなく「スマホから送られてくるメールに従って動いているだけ」の人間は少なくないのではないか。

経済産業省のＩＰＡ（情報処理推進機構）では、ＩＴを駆使してイノベーションを創出する独創的なアイデアや技術を有する若い個人の発掘と育成を行う「未踏事業」を公募している。僕はもう五、六年、スーパーハッカーや優れたクリエイターを育成するこのプロジェクトに関わっている。毎年二人か三人指導してきたが、なかには有名になった者もいる。僕がおもしろかったのは、慶應義塾大学大学院（当時）の馬場匠見がチーフクリエイターとなって二〇一三年度に採択された「実世界プログラミングのための分散人力処理環境の開発」——かんたんに言えば「人間はプログラム可能か」というものである。つまり「ロボットをプログラミングする」のではなく、「人間をプログラミングする」という発想の転換をしたわけである。

彼は「スマホの指示に従って行動していれば、何も考えずに仕事ができる」——そういう人間プログラムを作ったのだ。

この実験では、人間がやるべきことを、すべてスマホから指示を出した。最初に実験のターゲットにしたのは、馬場が所属する慶應大学の学生である。授業を受け、ゼミに出席し、論文を読み書きする——こうした過程において学生がすべき行動を、事細かにスマホがすべて指示を出すようにプログラムした。すると、学生はほとんど迷うことなく、考えることなく作業が済んでしまう。もちろん「論文を読め」と指示されれば、指示された論文を読まなければいけない。しかし論文の読み方であれば、のちのちレポートや論文を書くためにはどういう部分をどのように抜き出しながら読めばいいかまで指示を出し、論文を書くときには「文章は起承転結で構成されているから、抜き出した部分をこのように使え」などということまで指示をすることができる。特定のタスクをこなす以外には極力考える必要もなく、意思決定する必要もないように徹底できるのである。

この実験を通じてわかってきたのは「慶應の学生はプログラム可能である」ということだ。実験に参加させず、自由にやらせた学生に比べ、プログラムを導入した学生の方が、はるかに効率よく学業をこなせるようになった。ただ指示通り順番にやるだけで、迷いも生じないのだから、当然である。被験者の学生は早く勉強や課題が終わることを喜ぶだろうし、実験を指導する教官も楽になってよい。

慶大生がプログラミングできるのであれば、秘書やファストフードの店員に多いルーチンワークならより簡単にプログラムできる。それくらい、スマホを使って行うことができる情報処理能力はすさまじいものがある。人間は、もはやただのスマホホルダーになっているのだ。スマホと人間の価値、どちらが高いのか。CPUと、それを持って移動しているホルダーの、どちらが大事だろうか。自覚されていないだけで、人間はアルゴリズムに頼れば頭を使わずに大半の仕事がこなせるようになっているのだ。

単純な肉体労働のみならず、知的労働でもルーチンワークなら機械が代替できる。人間が日常生活や仕事でしていることのほとんどをスマホやロボットが代わりにできてしまうのだとすれば、人間にしかできないこと、人間の本質とは何なのか。

アンドロイド演劇や米朝アンドロイドのように芸術活動までロボットができるとすれば、人間にしかできない仕事、人間のほうがロボットよりもすぐれた仕事ができる領域は、いったいどれほどあるのだろうか。

しかしそうは言っても、芸術作品に対してたとえば「なぜあの壺はすばらしいのか」と言うときには、暗黙のうちに背後に作った人間、固有名をもった存在がいるからではないか、と思うかもしれない。はたして人間のようなロイヤリティを、ロボットは持てるのか。

最近、「持てるようになった」と言える事例がひとつある。

南半球でもっとも大きな銀行ANZ（オーストラリア・ニュージーランド銀行）が世界中の有名人にオファーして「世界は自分にとってなに？」「自分の道を見つけなさい」「世界はチャレンジするもの」という話をさせたキャンペーンCM「Welcome to Your World, Your Way」（https://www.youtube.com/watch?v=LUz7kxiGFvs）である。これにはプロテニスプレイヤーのマルチナ・ナブラチロワらと並んで、ジェミノイドFが「Android Actress」として出演している。つまりアンドロイドが世界的な有名人として、ほかの一般人よりもはるかに価値ある存在として認められたのである。Fの発言、Fがする仕事は、宇宙飛行士や著名な芸術家と遜色ないとみなされたのだ。

人はロボットを信頼しすぎている

人間よりもミナミの方が接客がうまいし、アルゴリズムに従って勉強させた学生のほうが自力でどうにかしようとした学生よりも成績がいい、ジェミノイドの話す言葉は一般人の発言より重みをもって受けとられている――これは事実である。

しかし僕はここでひとつ問題にしたいことがある。人々がロボットに対して抱いている「嘘をつかない」とか「指示に従えば間違いない」という先入観についてである。今のところ嘘をつくロボットや、嘘をつく自動販売機はないと信じられている。それが証拠に、誰も自動販売機でお釣りが間違っているかどうかを確認しない。

中国の空港には、上海ガニの自動販売機がある。実はそこには観光客以上に、現地の中国人が殺到している。なぜか。人間がやっている店は汚い。値段も、カニの質も、インチキされるかもしれない。しかし自動販売機ならばクリーンで、インチキがない。

「自動販売機は信用できるが、人間は信用できない」

これが中国人の感覚である。

ヨーロッパの人たちにとっては、今はまだ信じがたい行動だろう。「ロボットに接客や介護など、人的サービスは絶対にされたくない」と言う人間は、とくにヨーロッパに多い。ただしデンマークでのテレノイドの実験を見てもわかるように、実際使い始めればロボットに対する抵抗は、欧米でも弱まっていくだろう。もっとも、ヨーロッパでも子どもはロボットに抵抗がない（すべての国で、子どもはロボットが大好きである）。つまりキリスト教教育が「人間とロボットは違う。区別しなければいけない」という固定観念を植え付けているのだろう。もっとも、それもだんだん弱まってきている気もする。たとえば僕の研究室には欧米から来た学生も多いが、誰もそんなことを言うやつはいないのだ。

日本人の対ロボット意識に至っては、『鉄腕アトム』や『機動戦士ガンダム』のおかげなのか、はたまた宗教意識が希薄だからなのか、ロボットに対する嫌悪感がない。むしろロボットは万能、まちがえないという意識が強いので、全面的に信頼している。

僕はこれは危険なのではないかと思っている。ロボットの知能が複雑化すれば、人間並みにウソをつき、あいまいなことを答えられるようになる。それを悪用する人間は必ず現れ、社会問題を巻き起こすことは間違いない。

人とロボットの「エシカルジレンマ」

高齢者は人間らしさが足りないテレノイドのようなロボットの方が、社会的なバリアを感じないのでなんでもしゃべってくれる、という事例を紹介したが、こうした傾向がもたらす問題を僕たちは「エシカルジレンマ」（倫理的なジレンマ）と言っている。

今、ATRの山崎研究員らはデンマークの精神病院で実験を行っている。テレノイドを病院で使うと、人間相手にはしゃべらないのに、ロボット相手にはしゃべれる人が何人もいるのだ。だが、銀行口座の暗証番号やパソコンのパスワードのような重要な情報まで「テレノイドだけに教えるね」などと言って嬉々として漏らしてしまう人間も出てきてしまった。僕らはテレノイドのオペレータに対しては「こういう質問をしましょう」「こういうことは聞いてはいけない」と厳格に指導しているが、当の利用者が、頼んでもいないのにしゃべりすぎてしまうのだ。

人間に対して不信感を抱いている一部の精神疾患のひとたちは、ロボットというだけでバリアが解除され、信じてしまう。そして互いの関係性を深めようとして自分の秘密をさらけだし、共有したくてたまらなくなるのだ。人間の基本的な欲求として、信頼した相手には大事なことをしゃべりたくなる、というものがある。友人や恋人に対し、今まで言えなかったようなことを打ち明けると、言った側も言われた側も、仲が深まったような感じがするものだ。しかし精神障害をもつひとのなかには、それに歯止めがきかず、本当になんでも話してしまうひとがいる。こういうひとたちは、悪意のある人間につけ込まれる可能性がある。

人は「いい加減なロボット」に慣れていく

二〇世紀までは人間がコンピュータをハッキングし、プログラムを改造したり、誤認させることで「人間が機械を騙す」ことが行われてきた。二一世紀は、認知科学や心理学を応用して作られた機械が、人間の思考の偏りや先入観を利用することで「機械が人間を騙す」ようになる。僕たちはそのことに備えなければならない。「ロボットといえど無条件に信用するな」というリテラシー教育をして慣れさせ、今のうちに嘘をつく自動販売機や、いい加減な自動販売機を作っておいた方がいいかもしれない。コーラのボタンを押すとメッツやペプシが出てくるとか、出てきたお釣りが一〇円足りず「足りないぞ」と指摘すると「ごめん」と言って払い直す自販機を作ったほうがよいかもしれない。

――もっとも、対健常者に限っていえば、ロボットに騙される時代の到来に対する心配は、杞憂に終わるかもしれない。

コンピュータの不正利用や悪用は、今のほうが危険なのだ。ひとびとはコンピュータがすることを一〇〇パーセント正しいと信じ込んでいるし、エラーをただすことも難しい。たとえばある企業の株が、システムエラーによって株価一円になって取引されてしまったケースもある。

だが実は、「ときどき間違う、いい加減なコンピュータ」「情報の精度がいい加減な（それでも許される）ロボット」はすでに登場しはじめている。たとえば西海岸のベイエリアに住むアメリカ人は、ドライブしながらグーグルの音声検索を使い「イタリアンレストラン うまい」などと言って適当にレストランを選んでいる。現状では音声認識や画像認識は一〇〇パーセント正確とは言えず、返してくる情報も、人間で言えば「ダメな秘書」ていどのものだが、それなりに便利なこともあって「いい加減なコンピュータ」を使うことに慣れだしている。これが進むと「コンピュータは完璧」という感覚から、もっと人間に近い「ときどき失敗するが、まあ、しょうがない」というものに変わっていくだろう。

おそらくこれから先、ロボットを使った詐欺は、コンピュータを使う機会自体が増えるから、件数としては増えるだろう。しかし、詐欺の数をコンピュータの台数で割った発生率で見れば、減っていくはずだ。なぜならひとびとが「コンピュータもいい加減で、ときどき間違うもの」だと思うようになり、適度に疑い、気を付けるようになるからだ。

ドローンの軍事利用とアンドロイド

ロボットが引きおこす問題についてこの章では語ってきたが、最後にほとんど余談ながら、ドローン（無人小型飛行機）についても触れておこう。

昨今、ドローンを使った事件や、無人爆撃機に対する報道が目立ち、僕が「ドローンについてどう思うか」と訊かれる機会も多い。

僕にとってドローンは、いかにもアメリカ人が好きそうな、ただの移動ロボットにすぎない。アンドロイドが人間のパートナーとなる可能性を秘めているのに対して、ドローンはどこまでいっても道具である。コミュニケーション相手にはなりえない、ただの「空飛ぶルンバ」みたいなものである。

ドローンは爆撃などに軍事利用もされているが、それに比べればヒト型のアンドロイドを使った物理的な暴力行為、兵器としての使われ方はほとんどありえない。なぜなら現代の軍事作戦はほぼすべてが空中戦、空爆で決してしまう。地上での白兵戦の役割は小さい。

つまり、ヒト型アンドロイドが戦場に派遣される理由は、そもそも存在しないのである。アンドロイドがひとびとにもたらす恐怖とは、そのていどのものなのだ。

第7章
マツコロイドが教えてくれたこと

マツコロイド（写真提供：マツコロイド製作委員会）

マツコロイドにキスするとどうなったか

ジェミノイドのように、遠隔操作で自分の思い通り動くアンドロイドを使っていると、その体が「これはまぎれもなく本当の、自分の体だ」という感じがしてくる。これを「ボディオーナーシップ・トランスファー」（身体移転）という。

この現象に気づいたのは、僕らが一九九九年に開発した単純な遠隔操作型ロボットを使っているときだった。このロボットは、真ん中にはパソコンが置かれ、その上に三六〇度見渡せる全方位カメラ、その下に移動するための台車が取り付けてあるという、「動き回れるテレビ会議システム」だった。こんな単純な構造でも「乗り移る」ような感覚があったのだ。

その後、類似の遠隔操作型ロボットはカリフォルニアにある研究所で使われたのだが、操作しているのはカリフォルニアから遠く離れたテキサスに住むソフトウェアエンジニアだった。そのエンジニアがこのロボットに遠隔操作によって「乗り移って」会議に参加しているのだが、誰かがロボットの棒のような身体を握りしめ、意地悪をして動けないようにしたり、ゆさぶったりすると、彼はさも自分が意地悪されたかのように真剣に怒るのだ。

彼は「自分がいじめられているような気分になる」と言うのである。この感覚はジェミノイドのようなヒト型ロボットやアンドロイドになると、より顕著になる。

現在の遠隔操作型ロボットでは、操作者はモニタを見ながら動かしている。一般的には、使っているロボットの姿を映し出すカメラと、ロボットの前にいる対話相手を映す（ロボット目線の）カメラが二つ設置されていることが多い。これらのカメラを見ながら操作し、しゃべるわけだ。操作者がしゃべると、ロボットも操作者の声に従って口が動く。声から口の動きを作り出す技術を使っているのである。口の動きだけではない。操作者が首を傾げれば、ロボットも首を傾げる。操作している人が首を左右に振れば、顔の向きも変えられる。この動きは、操作する人間が装着するヘッドセットについているセンサを使ったり、カメラから得た情報を画像処理し、顔の動きをトラッキングしてロボットに送ることによって、ロボットと動きを同期させている。

こうして遠隔操作によって感覚を共有したロボットに誰かが触れると、まるで自分が触られたような、ぞわっとした感覚を覚える。自分の生身の身体に触られたわけでもないのに、である。学生が僕の姿をしたジェミノイドをどついたり、馴れ馴れしくほっぺたを指でつっついたりすると、本気で腹が立つ。たぶん殴られたら「痛い」と感じる（錯覚する）だろう。

おもしろいことに、特に女性は簡単にロボットに乗り移り、自分の体のように感じる傾向が強い。今までの実験では、女性はジェミノイドを使って五分ほど対話するだけで感覚が乗り移り、他人がジェミノイドに触れると自分の身体を触られたような感覚になるという。男性は五割から七割ぐらいが「自分の体のように感じる」と言う。

マツコ・デラックスさんに、マツコロイドを遠隔操作してもらったこともある。テレビ番組『マツコとマツコ』のスタッフが用意した人間のイケメンに、マツコロイドと五分間、互いに自己紹介ていどの会話をさせ、マツコさんには別室でマツコロイドの目線での映像をモニタで共有してもらったのである。そのうえでイケメンにはさらにマツコロイドの頬に触れさせ、「マツコ、好きだよ」と囁きながら、マツコロイドを抱きしめさせ、キスさせた。モニタで見ているマツコさんは笑いながら楽しんでいるようだったが「唇に触れられたという感覚はそれほどなかった」という。むしろ抱きしめられたときのほうが、マツコロイドに転移したように感じ、本当に抱きしめられたような気分になったという。

これはおそらく、キスされるときにマツコロイドの視界（カメラ）が遮られたことに影響されたのだと思う。マツコさんはモニタごしにほとんど何も見えなくなってしまい、転移するための感覚が一部失われてしまった。

脊髄損傷患者に感覚を蘇らせるロボット

遠隔操作型ロボットに、人間は感覚を同期させることができる。

ということは、生身の身体に感覚がない人に、遠隔操作型ロボットに乗り移ってもらえば、失った感覚を擬似的に取り戻すことができるのではないか。

僕らは体の全く動かない状態の人（たとえば脊髄損傷の患者さん）でもアンドロイドの体を自分の体のように感じるのかについても研究している。

なぜ遠隔操作型ロボットの体を、自分の体のように感じることができるのか。

これにはそもそも自分の身体をなぜ「自分の体だ」と感じるのか、から考えなければならない。

たとえばまず、脳が「腕を動かせ」と指令を出したとしよう。この運動指令が出たあとの反応は、二つのパス（経路）に分かれている。ひとつは「遠心性コピー」、いわば予測である。運動指令が出たあとには腕を動かすわけだが、「すると腕はここらへんにこう動くだろうな」という予測を頭の中で立てる。これが「遠心性コピー」である。もうひとつのパスは「視覚フィードバック」と「自己身体受容感覚」である。たとえば、目をつぶっていても自分の腕が動いていることは感じられる。腕にそって触覚も含めさまざまな感覚器があるが、そういった感覚器を通じて腕が動いていることが知覚できる。これが自己身体受容感覚である。一方、視覚フィードバックは目で見て手の動きを知覚する。

遠心性コピーの「予測」と、視覚フィードバックおよび自己身体受容感覚で感じた「結果」が合致することがわかれば、「自分の思い通りに腕（自分の身体）を動かせている、だからこれは自分の身体だ」という自己身体の認識に至るのである。

体の動きがない人、すなわち自己身体受容感覚のない人がアンドロイドによって感覚を取り戻せるのかどうかの実験の前に、僕らは健常者を固定した状態で実験を行った。この実験は、ATRの西尾主任研究員を中心に取り組まれた。被験者はまったく身体は動かせず、頭の中で考えることしかできない状態で、遠隔操作型ロボットを使ってもらった。体が少しでも動くと、自分で思い通りに身体を動かしているという「自己身体受容感覚」が生まれてしまうからだ。操作する人はヘッドマウント・ディスプレイを装着し、アンドロイドから見た映像を見る。「右」と考えると右手が動き、「左」と考えると左手が動く、といったように、脳の信号でアンドロイドを操れるようにした。そして実験の最中に、アンドロイドの腕に急に注射をしてみたのである。アンドロイドの体が自分の体だと思っていれば、人間はびっくりして手を引っ込めようとするはずだ。アンドロイドの手を引っ込めようと脳と体が反射すると同時に、本人の肉体はその焦りから汗をかいたりするはずである。

結果はどうなったか。被験者は手のひらに汗をかき、まさに自分の手に注射されたように感じたという結果が得られたのだ。「遠隔操作型ロボットを使うと、自己身体受容感覚がない人でも、アンドロイドに起きたことを、自分の体のように感じる」と科学的に言えたわけである。

以前からたとえば、義手をつけているひとが腕をナイフで刺されると痛みを感じる現象は知られていた。実際には痛くないはずなのに、脳の高次のところでは痛みを感じてしまう。より身近な例でいえば、アクション映画やホラー映画を見ていてもそうだ。残酷なシーンを見ると、われわれはどうしても眉をしかめてしまう。痛そうにしている場面を見ると、痛々しく感じる。それに近い感覚が、アンドロイドを使っているとより強烈に、きわめて生々しく発生する。

遠くにいるはずなのに、間近で自分を触られているような感覚を覚えるアンドロイド

――それはもはや「自分の体」と呼ぶしかないものではないのか。人間の身体はロボットを通し、拡張していくのだ。

そしてこれは、ロボットの対話相手も同様である。ロボットと話す側の人間も、対面している存在があたかも人間であるように感じられてくるのだ。五分も話をすれば、相手がロボットであるかどうかは、あまり気にならなくなる。ちゃんと話ができれば、会話に集中してくるうちに、ロボットらしさを感じなくなってくる。

もうひとりの自分――遠隔操作型ロボットがあれば人一倍働ける

アメリカではいくつものベンチャー企業が遠隔操作型ロボットを開発し、販売するようになってきた。人間は物価や家賃が安い町に住む。そして身代わりロボットのほうは、物価は高いが、経済の活動拠点である都市に置く。そうしてロボットを遠隔操作して仕事をし、給料をもらう生活を送る人間が、すでに存在している。とくにソフトウェアを開発する人間など知的労働者の多くは、会社に常駐しなければできない仕事はほとんどない。週に一度会議に出ればいいのであれば、単純な遠隔操作型ロボットに会議に出てもらい、別の場所から参加すればいい。

他にも、インタッチ・ヘルスという会社の成功例がある。病院に遠隔操作型ロボットを置き、それを医者が使うのだ。アメリカはホームドクター制である。病気になったときは、医者が家に来てくれる。ところが検査をしないといけない場合は、医者も患者も大きな病院に行くことになる。しかし医者が患者に付き添って大病院に行くあいだは、ほかの患者を診ることができない。非効率である。ゆえに今では数百台のロボット（完全にヒト型のものではなく、台車で動くコンピュータとディスプレイが付いたもの）が病院に配備されており、それを医者がパソコンを使って遠隔操作で動かしながら、患者や病院のスタッフと議論し、患者の治療を進めるという合理的なシステムが実現されている。

コンピュータとモニタ付きの台車ていどのロボットでも、スカイプや電話に比べてはるかに利便性は高い。スカイプは利用者が互いにパソコンの前にいてログインしなければならず、気軽にミーティングできない。病院にたくさんのモニタを用意していちいちスカイプを連動させて「次はここの病室の画面に現れてください」「次はここの部屋の画面に」と指示するよりも、台車のついたロボットが看護師らとともに病院のいろんな部署を渡り歩き、医者はそのロボットに乗り移って同行できた方が、てっとり早い。患者と行動をともにしないといけない場面でも、患者のスマホ画面に登場するよりはロボットごしに診たほうがラクだし、スマホの電波や電池切れを心配する必要もない。

ロボットは病院のコンピュータと連動しており、さまざまなデータを瞬時に引き出し、モニタに映すこともできる。何より物理的に現前しているので「そばにいてくれている」という存在感がある。

遠隔操作ロボットは、こうして実用的な日常活動型ロボットを実現しつつある。さらには単純な会話であれば、本人が操作しなくても自動で行うようになっていくだろう。

僕が自分のジェミノイド（誰が言い始めたのか、世間では「イシグロイド」と呼ばれているらしい）を使って行う講演も、半分は自動化されている。海外で講演を行う場合、研究室の若いスタッフが僕のコピーであるジェミノイドを分解し、手荷物にして飛行機で輸送している。現地に到着するとジェミノイドを組み立て、コンピュータと接合して講演が自動的に再生できるようにしてあるのだ。講演の時間に合わせてジェミノイドがしゃべりだし、しかし質問に関しては自動的に答えることができないから、質問の時間には僕自身がインターネットを通して参加する。ふつうであれば海外で講演をしようとすれば三、四日の時間がかかるが、ジェミノイドが現場に送られていれば、別の場所にいながら短時間で講演作業を終えられる。

ほかにもたとえば、四台の遠隔操作型ロボット、ロボビーをショッピングモールに配置して、道に迷ったお客さんに道案内をした例もある。この研究は、ATRの神田宗行主任研究員を中心にして取り組まれた。

四台と言ったが、操作するオペレータは一人だ。オペレータがロボットのマイクロホンから聞こえる対話相手の声を理解しながら、ロボットに指示を与える。ロボットはWi-Fiを通じて人に話しかけられたことを検出してオペレータを呼び出し、オペレータからの命令を待って行動する。ロボット（＋オペレータ）がモールの来訪者の欲求や意図を理解するのに必要な時間は、全活動の一割ていどにすぎない。対話のあとの九割の行動は、自動で行われる。ロボットはプログラムに沿って客に情報を提供したり、どこかに「連れて行ってくれ」と言われたら連れていく時間の方が長い。全時間の一割のみが、オペレータが必要な対話であり、残り九割は自動的に人を案内し、情報提供をしている。

遠隔操作型ロボットがあれば、オペレータ一人で数人分の仕事ができてしまうのだ。こうした使い方は、ビル管理などにも応用できる。たとえば夜の巡回は、人間がするには体力が必要で、つらい仕事である。しかしロボットを使えば、自動で一定の経路をたどりながら巡回させ、もし何か起こったときだけオペレータを呼び出せば済む。人間は一人いれば、十分にこれまで以上の役割を果たすことができるようになる。

会議に出るとはどういうことか――働き方はどう変わるか

遠隔操作型ロボットの普及は、人の働き方を大きく変える。

僕がATRの仕事を遠隔操作型アンドロイド（ジェミノイド）を使って研究室から操作して行ったときのことだ。

ATRの所轄官庁である総務省は「アンドロイドを使った仕事に対しては労務費を払わない」と言ってきたのである。僕はジェミノイドを通じて会議に参加し、仕事をこなしたのだから、それはおかしいと思い、抗議した。しかし「研究所に来ていないのだから、人件費を払うわけにはいかない」という。僕はこう返した。「では『来る』の定義を言ってくれ」と。彼らはそれに答えることができなかった。僕のジェミノイドには、僕と同じ身体的な見かけがあり、僕と同じように動き、僕と同じ声を出す。備えたカメラを使えば、視覚も共有できる。自分の考えや意見はジェミノイドを通じて会議で発言し、ほかのメンバーと時間の共有もしている。これが「出席」でなくてなんなのか。「僕がした仕事」としか呼べないもののはずだ。見かけ、動き、声……こうしたもの以上に、人の存在を定義する方法はない。脳みそが入っているか、内臓があるか、そんなことは調べようがない。現に僕は、今まで一度も「本当に石黒の頭には脳が入っているのか」などと調べられたこともなければ、「遠隔操作されている身体ではないと証明しろ」などと言われたこともない。見かけと動きがあり、話ができれば、そこには人間の存在があると認めざるをえない。現にジェミノイドを通じて仕事はできている。しかしそれでも総務省は「ダメだ」と言う。理屈になっていないのだ。

僕個人の生身の身体がそこに物理的に移動したかどうかが問題の本質なのか？　そうではなく「タスクが処理されたかどうか」を基準にするのが筋だろう。身体が「ある」ことでなく、仕事を「する」ことが報酬の対価であるはずだ。

たとえば多くの人が、僕のアンドロイドがする講演を「石黒浩の講演」として聴いたのだとすれば、それで僕が報酬を受けとることは、正当なものだ。僕の身体は会場になくとも、僕が自分の考えた言葉で集まった人たちに話をしたことに変わりないのだから。

アメリカの会社にに、自分の考えをプログラミングしておいたアルゴリズム（自動対応）で対話するバーチャルなエージェントで会議に参加することを認めているところもある。最近ではスカイプなどを使って遠隔地にいる人が同じ時間にウェブ上で顔をつき合わせて行う会議も、ごく普通のものになっている。実は、いまのスカイプ程度の音声や画像のクオリティであれば、このバーチャルなエージェントで同じことができてしまう。解像度にもよるが、参加者の誰にもわからないように、画面に映る姿をCGに置き換えることもできるのだ。CGエージェントを会議に参加させ、当人は実は遊びに行っていたが、つつがなく会社として意思決定がなされたとしよう。それでどんな不都合が生じるのだろう？　ミスが起こったらどうするか、という問いは無意味である。人間が意思決定していたとしても、ミスは起こりうるからだ。「エージェントがミスをしたら本人が責任を取る」と法的にも決めてしまえばいいだけだ。

これはつまり、技術が変えゆく現実に、旧来的なルールがついていけていない、ということだ。誰も「出席」や「出勤」とはどういうことなのか、定義していないのである。人間社会において、われわれは何を基準に報酬を払えばいいのか。そろそろ真剣に考えなければならない。

米国ヤフーをはじめ、かつては在宅勤務を許していたが、労務管理業務ができないことを理由に原則禁止とした企業は少なくない。テレビ会議だけではマネジャーが部下をコントロールしきれないのだという。しかし、マネジャーと同じ外見をし、車椅子のひとと同程度に会社のなかを動き回ることができるアンドロイドであれば、現場に与える存在感は十分だろう。そんな遠隔操作ロボットであれば、十分に管理業務ができてしまうのではないか。

現在のところ、多くの企業・団体は「アンドロイドによる仕事は認めない」と言っているにもかかわらず、他方では人間を信用せず、センサを信用している。

米国や中国の企業では、工員やトラック運転手をはじめ、従業員にウェアラブルコンピュータを装着させ、センサネットワークで作業をサボっていないか監視しているところもある。もちろん、センサによる管理は、怠慢を監視するためだけに用いられているわけではない。医療現場では、薬や点滴、医療器具は、種類や分量を間違えると人命に直結することがある。だからウェアラブルセンサを医者や看護師などに装着させ、医療ミスを防止することにも使われるようになっている。

アンドロイドがする仕事はダメで、センサがする仕事は信用するとは、いったいどういう理屈なのか。「アンドロイドに人件費は払えない」と言いつつ、センサネットワークやウェアラブル端末の購入代金や運用コストは支払うのだとすれば、こんなに間抜けな話はない。アンドロイドがする仕事も認め、すべて「ある人物の行動が、他者に共有され、確認されることが『出勤状態』である」とみなす以外に、一貫したロジックは作れないはずである。センサが工場や病院で働くひとたちの行動を確認していることをもって「仕事をしている」とみなすのと同様に、僕のアンドロイドがした仕事も、誰か別の人間なりセンサが確認すればOKとみなすほうが、筋は通っているはずだ。

問題は「身体が生身でそこにあるか」ではない。人間存在の本質は、身体が「生身か機械か」といったことにはない。

義足の陸上選手は生身の人間か、機械人間か

たとえば義手や義足を使う人がオリンピックに出て、ヒーローになる時代になってきたことを例に考えてみよう。

義足を使って走る南アフリカの陸上選手オスカー・ピストリウスの存在に、陸上界は悩まされていた。オスカーに負けた選手のなかには「あいつは人間の足より長い義足を使っている。それをバネにしているから速いのだ」とクレームをつける者もいた。たしかに足を長くすれば、勝つに決まっている。では同じ長さだったらよかったのか。ここで問いたいことは「義足の足が長いことは許容されるか」ではなく、「義足でパラリンピックでは

なくオリンピックに出場してもよい」とすでに認められた選手がおり、「生身の人間に勝ってしまった」ということである。ドーピングはいまだにダメだが、機械の体で出場することは許されている。運動能力を競うオリンピックにおいて、義足（機械）も人間の体の一部だと認められるようになってきたわけである。

僕はどうせなら、あらゆる身体改造をＯＫにしたうえで競った方が、とんでもなく速いやつが出てきておもしろいのではないかと思う。ロボット同士を格闘させるコンテストは非常に高い人気を誇っている。その延長線として、車椅子で速さを競うパラリンピックのように、人間と機械のハイブリッドな戦いは、増えそうな気がするのだ。

現にＦ１は、人間と機械を一体化させた極限で競いあうものになっている。「コンピュータによる制御を減らせ」とレギュレーションで規定しなければならないくらいに、機械の力に頼ってレーサーたちは走行しているのである。もっとも「車が速くなりすぎて人間の体がついていかないから」などと言って揺れの振動を除去するアクティブサスペンションは規制されたが、どうせ競うのであれば、徹底してやればいい。ジェットエンジンを積み、それに耐えられるように人間の身体も改造してしまえばいいのだ。技術を制約するのではなく、オープンにしたその先の世界を探求してみた方がいい。

それでは人間の価値が減り、尊厳を貶めている？

本当にそうだろうか。むしろ人間の価値が、より尊いものになるのではないか。たとえば、棋士がコンピュータに負けても、人と人が将棋を指し続ける意味は何か。

コンピュータに勝てなくても棋士が存在する意味

コンピュータ将棋ソフトと棋士の対局で話題になった「電王戦」は二〇一五年で第四回目を迎えた。「将棋電王戦FINAL」と銘打ち、「人類の、けじめの闘い。」とコピーを掲げたとおり、棋士対コンピュータの勝負はこれでいったん幕を下ろすようだが、四回の戦績は棋士側が五勝一〇敗一分と、大きく負け越している。二勝三敗なら誤差の範囲かもしれない。しかし、実際には第一回の米長邦雄対ボンクラーズは米長氏の負け。第二回は一勝三敗一分、第三回は一勝四敗、ファイナルのみ棋士側が辛うじて勝ち越して三勝二敗という成績だ。しかもこれは、プロ棋士には対戦前にコンピュータを研究する時間が与えられているが、プログラマの方は技師が研究している期間にどんな弱点が見つかったとしても、対戦が終わるまでプログラムを変えることは許されないという、コンピュータ側に不利なルールになっているにもかかわらず、である。

今後は将棋のような知的ゲームにおいても、コンピュータ使用を許諾した上で人間同士を戦わせる、というスタイルも出てくるかもしれない。今は純粋に「人間かコンピュータか」の二択だが、プロ棋士がコンピュータを援用すれば、もっと強くなるかもしれない。あるいは天才プログラマ同士がそれぞれつくったコンピュータを戦わせるのを見ても、僕は十分おもしろいと思う。

オセロやチェス、将棋では人間はもはやコンピュータには敵わない。

では棋士が存在する意味とは何か。

初代「永世竜王」の渡辺明棋士は述べている。

「本来、将棋は81ます40枚の駒が作る盤面のゲームですから、原理的には『有限ゲーム』、すなわち『こう指せば王を詰める』という必勝法があるはずのゲームです。しかし実際には、その指し手の総数は10の220乗ともいわれるほどの宇宙的な数にのぼり、これまでは正解のない無限の競技でした。

ところがコンピュータ将棋の進歩により、ついに将棋に〝最終解〟が出てしまうかもしれない。少なくともどんな局面でも即座にどちらが優勢か正確に判断できるようになる可能性はあるでしょう。

そうなっても将棋を指すこと自体の面白さは変わらないと思います。生身の人間が限られた条件で必死に闘う。それは自動車やロケットが発明されても百メートル走がなくならないようなものです」(「〝最強の敵〟コンピュータ将棋と戦うには」『文藝春秋オピニオン2015年の論点100』)

ほかにもいくらでも例はある。ピッチングマシンでもいい。機械は人間よりはるかに速く投げられる。世の中にある競争の多くは、人間と機械に戦わせれば、機械が勝つ。それでも人間がやる意味はある。あえて一〇〇メートル走を人間同士で競技すること自体にあるのだ。スポーツがなくならないように、人類の知性の最高峰同士が戦うことは、なくならない。

もはやスポーツや知的なゲームは、運動能力や知能の絶対的な評価を競っているわけではない。それでも人間はスポーツを楽しみ、ゲームを楽しむことをやめないだろう。

純粋な生身の体は、「人間」の本質を規定するものではない。義手や義足、義眼やウェアラブルコンピュータでもかまわない。それらの機械と融合していても、人間は人間だ。機械やロボットによって人間の身体が拡張されれば、「仕事」の概念は変わり、ひいては「人」という概念が変わっていく。これからのロボット化社会において、「人間とは何か」の答えは、変わっていくのだ。

他人の身体になりきる

ところで、遠隔操作型ロボットは自分自身の経験を拡張するだけでなく、他人になりきることもできる。

オーストリアのリンツで開催される芸術・先端技術・文化の祭典「アルス・エレクトロニカ」に、僕の姿形をしたジェミノイドを展示したときのことだ。誰でも遠隔操作できるようにしておいたのだが、小学生ぐらいの子どもが、僕のアンドロイドを喜んで使っていた。友達を集め、「偉い先生のアンドロイド」に乗り移り、同じぐらいの年齢の友達に向かって、一時間ぐらい授業をしていた。子どもはやはり、ふだん経験している人格や能力とはことなる「大人」になりたがっているところがあるのだろう。その子は権威的に「〇〇ちゃんは、××しなさい」という口調で語りかけていた。まるで教室の先生であるかのようになりきって演じ振る舞っていた。このように、他人のアンドロイドを操作すると、自分では経験しえないことができる。経験の幅を増やすことができる。

これはあくまで子供の「ままごと」遊びのような例だが、シリアスな利用法も考えられる。たとえば、世の中には性同一性障害の人もたくさんいる。レズビアンやゲイ、トランスジェンダーの方には、自分の生物学的な身体に違和感をもっているひともいるだろう。

僕の友人にも、男性のなかには、ジェミノイドFをボイスチェンジャーで声を高くして操作しているうちに、驚くほど男性らしさが消える者もいた。完璧な女性のしゃべり方をし、見事なまでに女性らしい雰囲気を放つのだ。尋ねたわけではないが、その人物の内面は、ひょっとしたら本当は女性なのかもしれない。アンドロイドを使えば、手術をせずとも、女にも男にもなれる。一部のセクシャルマイノリティにとっては、非常に重要なツールになるかもしれない。

女の人に対して暴力をふるうDV男や、女性が男性社会において感じている性的差別に鈍感な男性を教育するためには、いちどアンドロイドを通じて女性にさせてみるといいかもしれない。女性のように振る舞い、女性から見た世界を体験し、殴られる側の身体、差別的な発言をぶつけられることを身をもって経験すれば、そうされる側の気持ちが十二分に理解できるだろう。

あるいは、きわどい衣装を着せてコンパニオンをさせた女性型アンドロイドと視覚を共有すれば、コンパニオンがどんな視線を集めているのかが体験できてしまう。男からいやらしい目で見られるという、ハラスメントのシミュレーションも経験できるのだ。

身体感覚の共有以外にも、アンドロイドを通して他人の視覚だけを共有することも可能である。たとえばフライトシミュレーションや芸事の練習や研究などにおいても、これらは有用だろう。基本的には達人の動きをコピーしたアンドロイドが自動で動くのだが、視線だけを借りるのである。こうすれば、達人の身体がいったいどんなふうに動いているのかを、なりきって体験してみることができる。

これまでは「擬似体験」といっても「想像する」ていどのことしかできなかった。しかし、アンドロイドを遠隔操作すれば、声も変えられ、動きも調整できる。人類の技術を結晶させた、圧倒的にリアルな着ぐるみのなかに入るようなものである。そのアンドロイドのアイデンティティ、アンドロイドから見た世界をそのままに体験できる。

誰かになりきるという体験は、「人の気持ちを考えなさい」と言われて意味がわからなかった僕のような存在に、理解のヒントを与えてくれるかもしれない。他人の振る舞いが実際に経験できれば、その気持ちのシミュレートもしやすくなるからだ。

第8章 人はアンドロイドと生活できるか

著者（左）と著者のジェミノイド ©いしだまこと

それでもロボットは人間の敵なのか？

ここまで、僕が関わってきた様々なロボットを紹介してきた。ロボットは人間の活動を助け、人を感動させ、人よりも優れた能力を発揮する。では人間は不要になっていくのか。

「ロボットが人間の仕事を奪う」「人間はロボットに支配される」といったタイトルの本や記事が、近年では少なくない。近い将来、ロボットに、とくにヒト型ロボットに仕事が取って代わられることに対して、ひとびとは強い恐怖を感じているように思う。

しかし考えてみてほしい。

これまでもさまざまな機械が、人の仕事に取って代わってきたではないか。

たとえば荷物を運ぶ仕事は、電車や飛行機、フォークリフトやダンプカーを使って行われるのが当たり前になった。計算は電卓やExcelにやらせるものになったし、世の中の家電の大半は、おおむかしなら奴隷が行っていた仕事を代わりにやらせているようなものだ。であれば、なぜひとはロボットが人間の領域に踏みこんでくることに、おそれを抱くのか。

その前に考えなければいけないのは、そもそも「技術」とは何か、ということである。

人間の能力、ひとがやってきた仕事を機械に置き換えるのが「技術」、テクノロジーの本質である。人間の手でやるにはめんどうくさいこと、時間がかかること、努力しなければいけないことを代わりに機械にやらせているわけだ。つまり、人間の能力から発想を得て技術や機械はつくられている。たとえ自動車やスマートフォンであっても、それらが人間のしてきた仕事を置き換えていることには違いない。

では、それらの技術とアンドロイドは何が違うのか。どうして人はアンドロイドに「負ける」などと抵抗を感じるのか。

ロボットが、人間の姿かたちをしているからだ。自動車や電化製品は形状から言っても「人間を助けるもの」であって「人間の役割を置き換えてしまうもの」には見えにくい。人間と姿かたちが近いがゆえに、ひとびとは、自分の価値とロボットの価値を暗黙的に比べてしまう。

僕のチームが開発してきたジェミノイドや、接客をするアンドロイド「ミナミ」などは、この度合いが顕著である。さらには、人間にしか不可能であると思われていた知的活動――思考や心のありよう、言葉を使ったコミュニケーション、芸術活動までがもはや実現しかけている。ゆえにロボットを見た者は、直接的に「ロボットが人間に置き換わる」ことを連想し、人間からなにかが奪われるような感覚をおぼえるのだろう。

人間の命の価値を数字で表すと

では人間の価値について、われわれの社会はどのように捉えているか。

日本の交通事故死者数は二〇一四年は四一一三人、一三年は四三七三人、一二年は四四一一人である。毎年おおよそ四〇〇〇人から五〇〇〇人が亡くなっているにもかかわらず、ひとびとは自動車を使い続ける。

つまり日本では、自動車社会の利便性は、一年あたり五〇〇〇人ていどの命とひきかえにもたらされていることになる。このように、技術と人命とは、天秤にかけられているのだ。道徳の教科書やテレビの安いドキュメンタリーで語られているように「ひとの命には無限の価値がある」わけではない。

たとえば原子力発電所は、東日本大震災で約二万人が亡くなったことによって停止した。実際には東北での死者の大半は津波によるものであり、原発事故で亡くなった方は限りなく少ないが、いずれにしても人の命と利便性を比較して、技術を使うかどうか検討していることには変わりない。世界中で、そういった実例は見いだせる。南アフリカのある国では、自動車事故でひとを殺してしまっても、日本円に換算しておよそ二〇万円払えば、その場で手を打てる。懲役刑になることもない。これが現実である。

「人間の命には絶対的な価値がある」という建前と裏腹に、実際には、ひとびとは技術がもたらす恩恵と人間の命をトレードしている。技術の価値も、人間の生命の価値も有限であり、定量的に測ることもできる。

そして技術は、どんどん進歩していく。これは「技術がもたらす価値は上昇し続ける」ということを意味する。地球上に存在するすべての技術が生み出す価値は、全人類が生み出す価値を上回る可能性もある——現にそうなっているかもしれない。

人間の価値は定量的に表せる、と言ったが、しかしここでもやはり本当は「人とは何か」という人間の定義が問題となることを、忘れてはならない。

たとえばアメリカの発明家レイ・カーツワイルは「二〇四五年には人工知能はシンギュラリティを超える」——技術的特異点を超えて人類以上の知性になると言っている。僕にも「あれは本当なのか」と聞いてくるひとがいる。僕に言わせれば「人間」の定義がはっきりしていないのに、シンギュラリティもへったくれもない。たとえば生まれたばかりの赤ん坊や死ぬ寸前の寝たきり老人の知能であれば、いまあるロボットはもうとっくに超えているのだ。「人間の価値は」と問うときの「人間」は、生後三日目の赤子や認知症の後期高齢者でいいのか。おそらくそういうものを期待している人はいない。「人間の知能」と言っても、その幅は広い。すでに人工知能によって超えられている部分もあるだろう。もちろん現段階では超えていないのがほとんどだ。「人間の定義をしてください。ならばその価値について答えます。それがロボットに実現可能でありそうか答えます」としか僕は言えない。カーツワイルが言うような定義不能な曖昧な問題に対して「あと何年で到達する」などとは言えないのだ。

「ロボットは、人間よりも価値のある存在である」

こんなふうに言うと、技術とひとの命を比べるのはけしからん、機能や貨幣に置き換えられる価値で人間の価値を測るな、と思うかもしれない。

であれば、人間と別の動物と比べてみてはどうか。「命を大事にしましょう」と言うのなら、人間の命を何よりも尊いものだとする理由はなんだろうか。犬やネコの命も大事にすべきではないか。何の根拠があって、命に色をつけているのか。植物状態になってしまったひとと犬猫の、どちらが命の価値が大きいだろう。命を大事にするのであれば、人間とそれ以外の動物、あるいはそういったものを区別する理由はどこにあるのか。僕には、犬や猫の価値や生きる権利と、人間が生きる権利の差は、現代社会においては縮まっているように思える。

なぜなら人間が行う仕事の大半は、技術に置き換えられてしまっている。その流れは止まらない。技術ができること以外に人間がしていることの多く――食事や睡眠、生殖活動などは、ほかの動物もしていることにすぎない。

こんどは、ロボットと動物を比べてみよう。犬や猫とロボットでは、どちらが優れているだろうか。「役に立つ」という意味では、お掃除ロボットの「ルンバ」の方が犬や猫より優秀だろう。人間と比べても優秀だ。愛着を抱くかどうかで言っても、ルンバが壊れるとペットが死んだかのようにひどく悲しむ人間がすでにいることを思えば、ロボットと動物には差がない。

ロボットの存在は、ロボットと人間の境界とは何なのかという問いのみならず、人間と動物との違いとはなんなのかという問いも、われわれに突きつけている。

人間と技術は切り離せない

技術とは人間にとって何なのか、を別の視点から考えてみよう。

技術とは、動物と人間との違いである。古来、火を使うようになったことで、人間は動物から人間になった。人間から技術を抜き去ってしまったら、人間は人間でいられるか。人間社会から完全に技術を排除したら、おそらく人間はサル同然になる。人間は、道具を使うことで急速に文明を進歩させてきた。本来、技術とは切り離せないのが人間なのである。技術こそが、ひとと動物との差を明確にしている。

技術とは、人間独自の進化の方法だとも言える。動物は道具が使えない。そのかわり、遺伝子を変化させることで環境に適応する。ウィルスや単細胞生物であればなおさら簡単に遺伝子を変え、すばやく環境に適応していく。しかし複雑な生物ほど、遺伝子を変える変化の速度は遅くなる。

そこで人間は、技術を使った。機械や道具を用いることで、生物としての肉体の限界を取りはらい、進化することに成功したのだ。飛行機に乗れば、ひとは、鳥にも不可能な速度で空を飛べる。肉体的な限界をのりこえただけではない。情報処理やコミュニケーションの能力も同様である。たとえば、遠く離れた誰かと電話で瞬時にしゃべれる動物など、人間以外にはいない。人間は鳥や動物より速く移動できるし、何者よりも早くコミュニケーションできる。

すぐれた技術を作るには、客観視する能力が必要である。主観だけでは、まともな機械は作れない。機械の設計をし、部品を組み上げるには、その前提として、ものごとを客観的に観察しながら、そこにある法則を見つけ出す能力がなければいけない。科学とは、簡単にいえば世の中で起こっている客観的な現象に法則を見つけ出すことであり、技術とは、そこから再現性のあるものを作る営みである。人間は、自分のことも、世の中のことも客観視できる。それが科学を生む大きな原動力になってきた。科学技術を進化させるためにもっとも重要なことは、物理現象の法則を見つけ、それを組み合わせることだ。それが可能になったのは、人間にこの大きな脳があったからである。脳が技術を進歩させてきた。

そして人間を進化させる技術のもっとも極端なかたちが、ロボットなのだ。人間の能力を置き換え、能力の限界を乗り越えるための手段が技術であり、機械である。人間と機械とは、その成り立ちから言って、切り離せない関係なのである。にもかかわらず、もっとも進化した機械であるロボットと自分を比べ、取って代わられることにおびえる。奇妙な感じがしないだろうか？

なぜロボットと人間を比べたがるのか

ひとは、なぜロボットと人間を比べるのか。僕の考えはこうだ。もはやロボットが人間そのものに近づきつつあるから——言いかえれば、人の定義が見え隠れしだしているからである。「人とは何か」の本質がそこにあるという直感が、否応なくひとをロボットに惹きつけ、また逆に、脅威として畏れさせる理由の根源にあるのだ。

僕たちはこれまで「人間の下に機械がある」という階層構造を信じてきた。だがここまで機械が発達し、ロボットが進化してくると、本当にそうなのかが、あやしくなってくる。

人間こそがもっとも偉く、高等な生物であるという考えは、とくにヨーロッパやキリスト教圏では根強い。ヨーロッパではもともと、人間の下に機械や動物を置くだけでなく、人間の中でも貴族、平民、奴隷を分けてきた。ヨーロッパ大陸は地続きである。そこに多種多様な民族がおり、争いは絶えず、つねにある集団に別の集団が支配する／されるという歴史をくりかえしてきた。とくに今日ほど機械が発達していない時代に「いい生活をする」には、他者を虐げ、利用することが必要だった。こうした環境で歴史を積みかさねてきたひとびとは、人間に近いものが出てくると、かならずクラス（階層）を分けようとする。ところが日本では平然と「ロボットの方が人間よりすごい」だとか「ロボットになりたい」と言う人間が少なくない――しかし、こうした比較文化論に深入りするのはやめておこう。

いずれにしろ、比較するも何も、「人間とは何か」の定義がわからないのである。これはロボットも同じだ。「ロボットとは何か」もまた、十分に定義されていない。定義されていないもの同士を比べるのは、本来、矛盾をきたしている。

多くの人は「人間というカテゴリに自分を入れてください」「人間はロボットより偉いことにしておいてください」と潜在的に思っている。そうやって「そもそも人間がロボットより優位である」ということにしておかなければ、個別のタスクで比べられると、人間はすでに機械に勝てない。たとえば、どれだけ速く計算できるか、たくさん記憶できるか、正確にものを組み立てられるか、どれだけクイズに強いか、どれだけ早く株をトレードできるか、どれだけチェスが強いか……。やるべき作業が明確に定義できる仕事は、ほぼすべて機械が勝つ。

二〇〇九年にアメリカの巨大メーカー、IBMのコンピュータプログラムである「ワトソン」がクイズ番組に出演し、人間のクイズチャンピオンに勝った。ふつう、クイズでは答えを「考える」と言うし、見ている側も一緒に「考えている」はずである。ところが、クイズで人類はコンピュータに負けた。「考える」という行為が人間にしかできない、人間だからこそできることだとすると、プログラムのワトソンは人間になったのか。それともクイズにおける「考える」という行為は、「考える」ということではないのか。

人間がしている「考える」という行為を細かく定義し、個別の作業に分解していくと、ほとんどのことは簡単にコンピュータに置き換えられる。おそらく「考える」という言葉が差し示している作業の大半は、それ自体はさほど人間らしいことではない。むしろ人間らしいのは、「考える」という言葉の中身を理解しないままに、その曖昧な言葉を使うこと、使えてしまうことである。

曖昧なまま作業をしている例として、複雑な文章を構成したり、言葉をやりとりしたり、解釈をするといった仕事がある。こうした曖昧で、タスクの定義がきれいにできていない領域では、ロボットはまだ人間に勝てない。タスクの定義ができないものを、プログラムすることはできない（＝コンピュータに行わせることはできない）のだ。ほかにもたとえば、医者の仕事のなかでも、最先端で複雑すぎるもの、まだ研究途上であって何が正しいのか明確に言い切れないものは作業の定義のしようがないから、コンピュータが代替することは難しいだろう。「風邪を治す」こともそうだ。人間が風邪をひくメカニズムは明確にはわかっておらず、どうやって治るのかもはっきりとはわかっていない。だからいまは人間が適当に薬を出し、「これで様子を見ましょう」と言っているだけだ。コンピュータにもそれぐらいのことはできるかもしれないが、医者と違ってロボットに「責任を取らせる」しくみがないことも、また問題である。

しかし、定義可能な作業においては、ほとんどすべてロボットが勝つ。加工食品に対する異物混入が問題になったことは記憶に新しいが、本当はロボットに作らせたほうが生産性は高く、ミスも起こらない。しかし現状では日本産の高級なロボットよりも中国やタイで人間がラインに立ってつくった方が安い。コストを考えた結果、異物混入やいい加減な作業をする可能性があっても、人間の手によって海外の工場で生産しましょう、と意思決定しているだけなのである。

ここまで言っても「自分たち人間はロボット以下である」、少なくとも「ロボット以下である場合がある」と認めたくないひともいるかもしれない。

では問いを逆転させてみてはどうか。

「なぜ人間はロボットより優れていなければいけないのか？」

僕にはこの答えがわからない。

人間は、技術によって進化してきた。つまり本来、人間とは、自らがつくってきた機械やロボットも含めて人間なのだ。それでも、あとからやってきたロボットよりも自分の能力が劣っていると言われると、拒絶したくなる。人間の方が優れているのだと言ってほしいと思う。われわれは「人を差別するな」と言われるし「動物を大事にしよう」とも言われる。だから基本理念としては「世の中に存在するすべての生き物は平等に生きる権利を持つ」というのがもっともわかりやすいはずだ。しかし人間は、人間だけが特別であってほしい、ロボットより優秀だとどこかで思っている。実際には人間は、今や大半の仕事で、ロボットよりも能力的に劣った存在である。だが、人間が動物に対して必ずしも能力でその価値を判断していないように、人間もペットの犬や猫と同じように生きてもかまわないはずなのだ。能力がロボットに及ばずとも、生きられるにきまっている。しかし、「人間こそが最高の存在である」というロイヤリティを失ってしまうことに、多くの人は恐怖を感じる。

僕は人間とロボット、人間と動物の区別はなくなっていっていいと思っている。区別がなくなればなくなるほどに、人間はロボットと本質的に何が違うのか、人間とは何か？

これらについて、退路を断った深い考察が進められるからだ。そうして人間は進化していくものなのだと、僕は考えている。

ロボットは当たり前の隣人となる

ロボットが人間よりも価値をもつようになること、動物のようにロボットが愛玩されること、そして人間とロボットが共に生きていくことに、いったいどんな問題があるのだろう。何が悪いのか、具体的に理由を言えるだろうか。

僕はこう思っている。ひとは未知のもの、未知の価値をこわがる——ロボットはまだ、その段階にあるだけなのだ。大半の人間は、新しいものを受け付けない。保守的なのである。

たとえばクレジットカードは、当初「日本では流行らない」と言われていた。「サインだけでお金をやり取りするなんて信用できない」とまことしやかに語られていた。にもかかわらず、実際には一気に広がった。

携帯電話も、普及する前には「盗聴されるのでは」だとか「電磁波に有害だ」といった危惧が、さまざまに語られていた。その前には電話交換機の時代があり、その頃は人間の手を介して回線の切り替えをしていたから、交換手（オペレータ）が介在し、その人たちは利用者の会話を聴けたわけだが、普及のさまたげにはならなかった。いまや多くのひとびとがスマートフォンを使っているが、初期の携帯電話以上に、スマホではプライバシーが垂れ流し状態である。それでも使うことをやめるひとはいない。情報化ネットワークはいまも進化しつづけ、誰がどこで何をしているかといった情報は、社会に張り巡らされたセンサネットワークと連動しながら取得されている。今後も「プライバシーはどこにあるのか」という危惧は消えないだろう。

だが、プライバシーと技術の利便性を天秤にかけ、利便性が勝れば、プライバシーの問題には目をつぶってきたのが現実なのである。ロボット化社会とは、至るところで情報が取得される高度センサネットワーク化社会でもある。未来社会においてセンサネットワークは、人間とロボットがぶつかったり、ロボットが暴走したりしないようにモニタする役割を持つ。安心で安全な社会を実現するには、つねにシステムが我々の活動をモニタし、ロボットがサポートしてくれた方がよい。こうしてロボットが利便性をもたらすのであれば、ひとびとから大きな反対は起こらないだろう。

新しいものがあらわれると、はじめはみなネガティブなことを言う。だがそんな「印象論」は、実際に受け入れるための大きな障害にはならない。いつの時代も「昔の方がよかった」と大半のひとは思う。人類は、全員が想像力豊かなわけではない。たいていの人はコンサバティブだ。しかし一方で、今の生活を捨てはしない。ひとは、便利さには抗えないのだ。そして「まわりがみんな使い出した」ことを見ると、雪崩を打ったように一気に広がってしまう。インターネットも、スマートフォンもそうだった。太古の時代の人類にとっての炎からして、そのようなものだったにちがいない。

いまはまだロボットもネガティブに、恐怖の対象として、あるいは奇妙なものとして思われている。しかし携帯電話やクレジットカードと同様に、ある一定の状態を超えてしまえば、「当たり前」の存在になる。

「ルンバ」の製作者であり、アメリカのリシンク・ロボティクス社長のロドニー・ブルックスは「技術への偏見は、時間とともに解消する」と言っていた。僕も同じ意見である。

いつの日かアンドロイドは、僕たちの隣人になっていることだろう。

「人類に対して反乱を起こしたロボットに人間は支配される」などという恐怖を抱いている人に対しては、僕はいつもこう言っている。

「人間はロボットのスイッチを切ることができます」

ロボットが勝手に意図を持って人間を殺すことなど、ありえない。もしロボットが止められないとしたら、「止めたくない」という人間側の意思が働いているときだけだ。ロボットが反乱を起こすときには、裏に反乱を起こさせている人間がいる。SFでは古典的な題材である「ロボットの反乱」などというものは、バックに人間がいないかぎり起こりえない。

ロボットはただの機械である。イヤならスイッチを切ればいいのだ。

ロボット化社会の進歩と技術格差社会

さて、この章では、ロボットと人間の本質的な違いについて考察してきた。しかし、ロボットと人間を比べるとき、ひとは、人間同士の差異や格差のことを忘れてしまっている。実際にはロボット化社会は、(よくもわるくも)人間同士の差を生むだろう。最後にそれを少し書いてみたい。

現在でも、国内外の成績上位者向けの一部の大学では、コンピュータプログラムを書かせるようにカリキュラムが組まれている。しかし、それ以外のほとんどの大学では、プログラムを書かせるのではなく、「テキストエディタで文章を書きましょう」といったレベルの、ソフトの使い方を教えるにとどまっている。

こうした二極化の傾向は、ロボットが進化していくにあたり加速していく。ロボットやプログラムを「作る人」と「使う人」に分かれ、その知識格差は激しくなっていく。「作る人」に求められる専門性はますます高まり、勉強しないといけないことが増え、必要な教育期間も長くなる。昔は役に立つレベルのコンピュータソフトは、ある一定期間勉強すれば簡単に作れたが、いまやシステムは複雑になり、勉強しないといけないことは増えた。この傾向が加速すれば、ついてこられる人間の割合は決して多くはないだろう――そうは言っても、そもそもコンピュータに携わる人口自体が増えるから、作れる人口は相対的には増えていくだろうが。けれども、昔よりも何かを作るのは大変になる。

人間の進歩よりも、技術の進化の方が早いのだ。人間の進歩と技術の進化の速度が同じであれば、教育期間は延びないはずだ。だが技術に比べて明らかに人間のほうが遅れているから、教育期間は延びていく。昔は技術に精通している人間と知らない人間の差はわりと狭かったが、今は広い。世の中にあふれている知識の量自体が、爆発的に増えている。そのうえで、複数の専門分野をカバーしなければ、ロボット化社会で「作る人」に回ることはできない。

いっぽう、ただ「使う人」はどうか。技術が進化すればソフトの使いやすさはどんどん増していくから、勉強しなくて済むようになる。作れないひとは、作れないなりの生き方を見つけていくだろう。ロボットは、いま求められているコンピュータに対するリテラシーのようなものを意識せずに、はるかにラクに使えるものになる。リテラシーが不要にならなかったら、新しい技術である意味がない。おそらくほとんどのロボットは、キーボードを打ったり、画面をフリックする必要すらない。しゃべるだけだから「丁寧にしゃべりなさい」くらいの注意で済むだろう。しかし使う側は、どんな原理でそれが動いているのかが理解できるわけではない。

単に使う側でいるよりも作れる側に回った方が、ロボット化社会をリードして生きていく上ではいろいろ有利になるだろう。ただし、そのハードルは年々高まっていく。

さらに言えば、ある一定以上の年齢の人間は、いまさら「作る側」には行けなくなる。ただ、それまでの人生で積んできた経験を「作る側」に活かすことはできるだろう。特定分野の専門知識や職人芸を定義可能な問題に置き換え、ロボット化社会の利便性を高めることに貢献することは、十分にありうる。

もちろん僕は「ロボットを作る側と使う側の格差は、イコール社会的な勝者と敗者である」と言いたいわけではない。繰り返し述べてきたように、ロボット化社会は、人間の多様性を促進してくれるものである。ただし確実に、作るひとと使うひとは二極化していく。それを見据えて若年層の教育や、中高年の今後のすごしかたを考えておいたほうがいい。人間とロボットとの関係のみならず、ロボット化した社会で生きる人間同士のありようについても、考えておく必要があるのだ。

第9章
アンドロイド的人生論

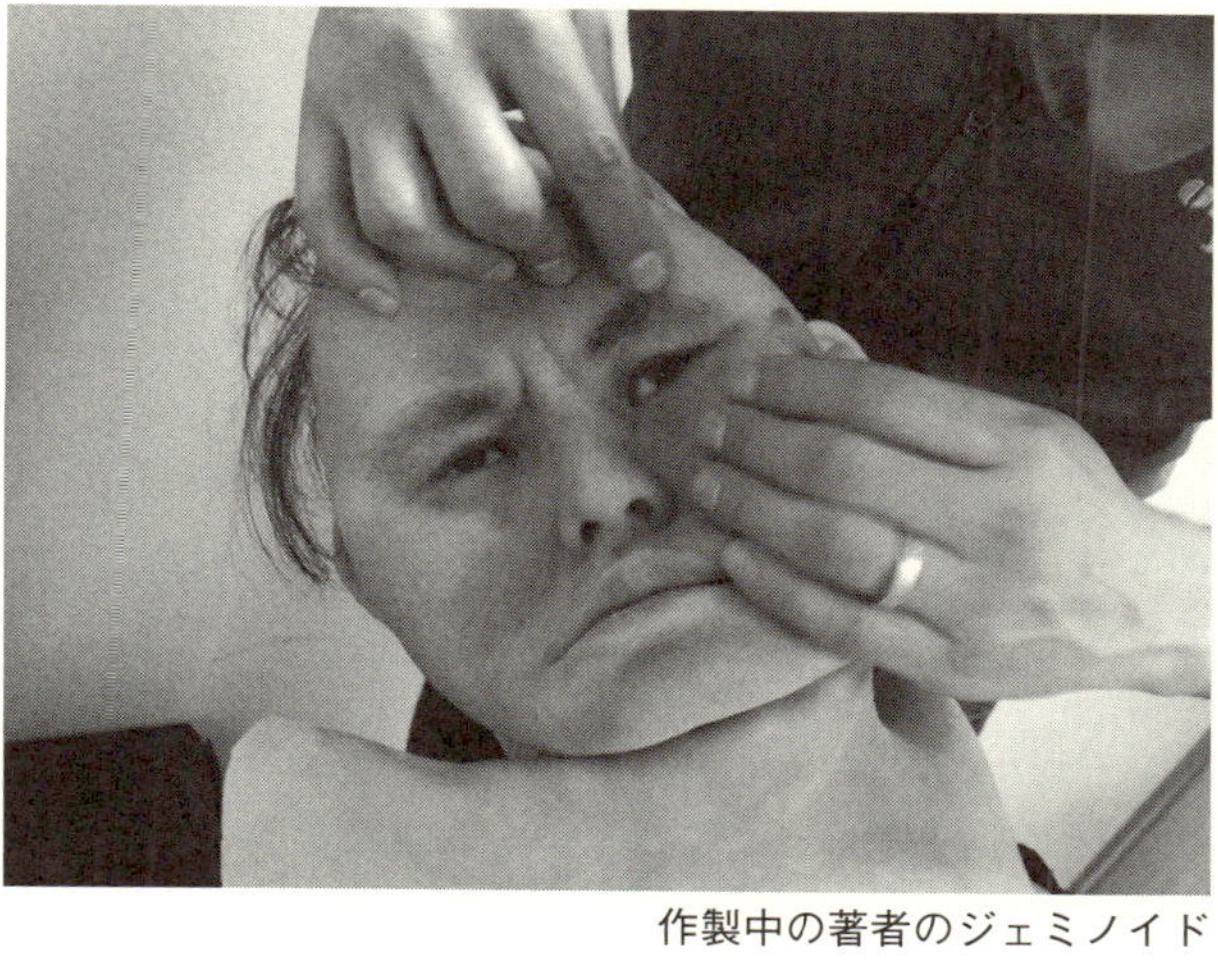
作製中の著者のジェミノイド

自分のことは他人しかわからない

最後に、僕自身のことを語ってみたい。

僕がジェミノイドを作りながら感じたのは、「いったい自分は自分のことをどれほど知っているのか」、ということだった。

多くの人から、僕は質問を受ける。「自分自身のアンドロイドを作ると、どういう気分になりますか」と。僕自身そのことに興味があって作ったわけだが、実際に作ってみると、このアンドロイドは「双子の兄弟」ていどのものだった。まわりの人間からは「すごくよく似ている」と言われるが、自分では本当にどれほど似ているかは、わからない。「自分とそっくりの人間を見ると死んでしまう」という迷信があるが、そんなことは絶対に起こらない。精神的なショックもほとんどない。「何もない」と言ったほうがいい。だからせいぜいが「双子の兄弟を持つのと同じ」と表現したのだ。しかしなぜ、そのていどにしか思わないのか。

人間は自分のことを正確に認識できないからだ、と僕は思う。だからどんなに似ているというものに出会っても、特に何も感じないのだ。

たとえば人間は、自分の顔や声や動きをほとんど正確に把握していない。毎日鏡を見ているから、自分の顔くらいは知っている？　鏡に映る顔は、左右が逆転しているものにすぎない。鏡の顔と、写真に映った顔を比べればわかる。写真に映った顔の方が、正確な顔である。人間は、左右対称の顔を持っていないのだ。ゆえに左右を逆転させると、他人のような顔になってしまう。僕らは鏡を見て「これが自分の顔だ」と思っているが、そんなものは「自分の顔を認識している」ことにはならない。

ふしぎなことに、人間は自分を直接見る手段をもっていないのである。目で自分の全体像を直接見ることもできない。耳を使えば自分の声が聞こえ、鼻を使えば自分の臭いがかげる、と思うかもしれない。だが自分に聞こえている声は、他人が聞いている声ではない。録音した自分の声を聴いたことがある人も多いだろう。他人に聞こえている声は、あれなのだ。口臭や体臭のきつい人は、それに慣れてしまい、自分の臭いに鈍感になっている。

動きもそうだ。人の体には主な筋肉だけで二〇〇本以上ある。しかし、それぞれの筋肉一本一本がどう動いているかを説明できる人間はいない。あるいはクセも。クセはその人らしさを表現しているが、クセを把握しているのは本人よりも身近に自分のことをよく見てくれている人間のほうである。

ジェミノイドを通して「自分は自分のことを他人ほど知らない」「自分自身を正確に認

識できていない」ことに、僕は気づかされたのである。外見だけではない。そもそも人間は自分の身体の内側を、自分で確認できないようになっている。

考えてみれば、人間の感覚器はすべて外側を向いている。人間の感覚器は、皮膚が変異をしてできたもので、外と自分との区別だけをするためにつけられている。耳は、自分の鼓動を聞くための耳ではない。自分の外部の音を感知する器官だ。内側を向いている感覚は、なにひとつない。たとえば、食べたものがきちんと消化できているかどうか認識するために胃に目があってもよかったのだが、そうはならなかった。

脳のなかにも、肺のなかにも肝臓のなかにも、髪の毛や骨にも感覚器はない。感覚器は体の表面に備え付けられており、その感覚器によって、われわれは自分の体と外の世界の境界を認識している。

僕にはこれが、神様が生物に施したいたずらのように感じられる。生物の進化の過程において、なぜ内部を観察し、客観的に自分の行動を観察できる感覚系は発達しなかったのだろう。どうして目が飛び出して、自分の姿を確認できるようにならなかったのか。その理由は、僕にはわからない。宿命なのかもしれない。

いずれにしても、人間は自分で自分を正確に見られない以上、他者を通じてしか自己を知ることはできない。僕が自分をモデルにしたアンドロイドをつくったのも、自分のコピーを作り、ストレートに自分を客観視しようとしたからだ。

「自分らしさ」など探すな

人間は自分のことを知らない。だが、自分とは何かということを探しつづける生きものである。

近頃は「私らしさ」を探しましょう、「ありのままのあなたが、ほんとうのあなた」などと雑誌や自己啓発書ではよく言われているようだ。

僕が言いたいのは、そんなレベルのことではない。「自分らしさを探す」ことなど、くだらない。「自分とは何か」「人間とは何か」という深い疑問を持ち、それを探求するのはいい。しかし薄っぺらな「自分らしさ」を見せたいならハダカになってしまえばいい。それがありのままの「自分らしさ」だろう。

みんな「個性」を間違って捉えているし、安易に「好き嫌い」を持ちすぎている。

それを「こだわり」などと言い、「私らしさ」と称している。ではその「私らしさ」とやらを、あなたはたとえば一時間ずっと語れるのか。

ファッションでもライフスタイルでも何でもいい。様々な考え方、方法をふまえたうえで「自分はこういうふうに解釈をする」と考えぬいた結果、行動をする。そこに真の「個性」、首尾一貫した哲学が表れるのである。選り好みをし、好き嫌いで何かを決めていくことは「エセ個性」「擬似的な個性」「表面的な個性」にしかならない。

僕は黒い服をいつも着ているが、これは「こだわり」とか「黒が好き」とか、そういうことではない。識別されやすいようにするためだ。

遠くから人が歩いてきたときに、パッと目につくのは、服の色のはずだ。たいていの人は、それから顔を判別し、話して初めて名前がわかる。これが、僕の服についての哲学だ。

黒はラクだ、という理由もある。世の中には服が多すぎる。黒い服か白い服なら、世界中どこでも手に入る。しかも真っ白にするよりも真っ黒にした方が色は揃えやすい。黒は必ずある。さらに言えば私の名前である「石黒」には黒が含まれている。名前と服の色が一致することは、非常に強いアイデンティティになる。僕はそういうふうに考えて黒を選んでいる。

なぜ多くの人は毎日違う服を着るのか。僕にはよくわからない。普通に考えて、変えない方がいいに決まっている。個が識別される、まさに「個性」となりうるのだから。「印象を変えたいから」とか「気分を変えたいから」と言うが、それほど自分に自信がないのか？　と僕は思う。そのていどで変わるような薄っぺらな印象は、アイデンティティでも個性でもない。「気分を変える」前にアイデンティティを失い、個性的ではなくなっている。僕は服ぐらいでは気分など変わらない。服で気分や考え方が、変わるはずがない。

だから、たとえば背広も着ない。「会議に出席するときはネクタイを締めた方が、気分が引き締まっていい意見が言える」などという精神論めいたことを言う人間もいるが、僕はそんなことはまったくない。仕事でネクタイをしたのは一生に一回だけ――初めて教授会に出席したときだけである。そうしないと絶対に許されないのかと思ったからだ。しかしそうではないとわかったから、そのあとネクタイをしたことは一度もない。

服装を変えないとまともな意見を言えないやつは、どう考えても芯がない。人の顔色ばかりうかがい、自分のなかにロジックや考え方がないから服装でごまかし、みんなと同じ服装をして安心し、都合よく隠れているだけなのだ。そういう人たちに「アイデンティティ」とか「個性」という言葉を使ってほしくない。まったくもって間違っているからだ。

人生で好き嫌いはもったいない

世の中には「自分らしさ」探しに躍起になっている人も多いが、一方で妙に冷めた態度で生きている人も多い。そういう人はいつも「生きていることがつまらない」と言っている。

しかし、本当は生きていくうえで「つまらないこと」などほとんどないのである。どんな活動をしていても、何をしていても、人間について学べるはずなのだ。多くの人は学ぶ力、学ぶ気がないから「これはつまらない」「これはいい」と選別しているだけである。いったい何を基準に振り分けているのか。不思議である。「私はこれが好き」「嫌い」と言いたがるひとは多い。何を基準に好き嫌いを決めているのか。好き嫌いを簡単につけてしまうことは、僕に言わせれば、半分目を閉じているのと同じである。「嫌い」に振り分けた半分の情報を捨てているのだから。人間は好き嫌いなど持ってはいけないのだ。好き嫌いできるほど偉いのか。そんな乱暴なことをして、自分の生きている意味、自分とは何かをまともに考え続けられるのか。

「あの人のことは好き」「あいつは嫌い」などとたいていの人は言う。僕には人の好き嫌いはない。必ずいいところを見つけられる。いいところも、悪いところも見つける。人間関係を好き嫌いで決める人間は、他人から好き嫌いで物事を決められるという、まったく同じ目に遭うのだ。なぜ好き嫌いがあるのか。嫌いな性格である理由を言ってみてほしい。究極まで突き詰めてしまえば、なぜ嫌いなのか、よくわからなくなるはずなのだ。

それでも好き嫌いを簡単に口にし、周りに敵か味方かのレッテルを張り、二項対立にしてしまう人間は多い。

僕に言わせれば、そういう人は脳のキャパシティ、情報処理能力が乏しいから、たくさん情報が入ってくると混乱してしまうのだ。だから好き嫌いを先に選ぶしかない。あらかじめ「ここしか見ない」とフィルタリングしないと頭がパンクしてしまうのだ。

好き嫌いとは、入ってくる情報の量を制限し、考えやすくするためになされる行為である。しかしそれは、ものごとの真実を見ようとする態度ではない。「好き嫌いがあったほうが、個性が出る」「それがこだわり、個性だ」などと言う人もいるかもしれない。それは勘違いだ。僕は好き嫌いなどないが、十分に「個性的だ」と言われている。

自分が今できないことのなかから、自分を探す

僕は絵描きをめざしていたくらいだから、絵が好きだ。絵が好きなことも、いまロボッ

ト研究でやろうとしていることと、根っこでつながっている。美術館に行くと僕は「ここには知らない自分がたくさんいる」と思って、楽しくなる。

芸術とは、何か極端な人間の才能を表現しているものだ。美術館さえあれば、僕は一日中そこにいられる。僕は絵のなかに自分を探すために鑑賞する。僕は、見る絵と見ない絵がはっきりしている。瞬間的に見て「わかる」ものは、見ない。なぜこれが描けているのかがわからない絵を見ている。ふつうのひとは、たとえばピカソ展に行くとどの絵もそれなりにまんべんなく見るらしい。僕は見る絵は二〇分でも三〇分でも見るが、見ない絵は一瞬しか見ない。ざっと見て「こいつはこういう理由で、こういう手法で描いている」とわかるものは、見ない。もっとも、結果として、立ち止まってじっくり見る絵が有名な画家の代表作であることは多い。しかし有名な絵かどうか、誰が描いたか、いつ描かれたかなど、本質的にはどうでもいい。そういうものに価値は感じない。絵を見て自分で描けそうか、再現できそうか、こいつはどういう視点でこれを描いたのか……そういったことを確認し、自分のなかに取り込むために、じっと見ている。

「すごいなあ」などと感心するためではない。「こういうふうにすればいいのだ」といったことを発見し、自分が気づいていなかったことを取り込むために見るのだ。もちろん、感動することは大事だ。感動しなければ取り込もうという意欲も生まれない。良いのか悪いのかもわからないものを、取り込むことはできない。「すばらしい」と感動し、共感すると、自分がそのレベルまで行けるかどうかはわからないが、影響は受ける。

画家には、二通りの描き方がある。計算し尽くして描くタイプと、いきなり完成形が「見えて」しまって描けるタイプだ。たとえばシャガールは後者だろう。計算ゼロの落書きのように描ける。僕はシャガールのようには描けない。なぜこんなに適当に描いてバランスのいい絵になるのか、よくわからない。あれは天才だ。シャガールのように「なぜこんなにふうに描けるのか。なぜ自分はこういうものを描けないのか」と感じさせる絵には、異様に興味がわき、いつまでも見ていたくなる。自分のなかにも本当はあるかもしれないのに、まだ発見できていない部分のように感じるからだ。

もちろん、自分にそんな才能はないのかもしれない。ただ僕は負けず嫌いだから、「トレーニングしたらできるかもしれない」と思いながら、絵や造形物を見ている。自分がで きそうにないもののなかに、自分がまだ知らない自分を見つけようとする。自分の内面は、そうやって発見していくものなのだ。トレーニングをして作っていくものなのだ。自分のなかに種さえあれば、がんばって掘り起こせば芽は出てくるはずなのだ。

こうした感覚、こうした努力は、研究者にとって重要である。たとえばロボットにはさまざまな側面があり、開発や運用にはさまざまな知見を必要とする。僕ははじめコンピュータを学び、それから機械制御を学び、機械設計を学び、認知科学を学び、いまは脳科学を学んでいる。このようにひととおりのことはやっているが、はじめからなんでもできたわけではない。人間とは何か、自分とは何かという問いを突き詰めていった結果、多様な領域に首を突っ込むことになった。

いまの自分の内側を見て、あるいは他人を見て「自分にはこれがない」とあきらめるのではなく、「きっと自分もできるはずだ」と思って掘ってみることが大事なのだ。たいていのことは、あるていどまでは後天的にできるようになる。いま自分のなかにないものは、他者から学習して取り込むか、自分で作ってしまえばいいのだ。他者のなかに知らない何かがあり、少しは自分でも興味があるなら、近づいて取り込めばいい。僕はたいていのものは、そうやってできるようになってきた。ひとつふたつできるようになると、その応用で似たようなことは大概できるようになり、また次の何かを探し始める。そうやって新しいものを発見し、価値を作りだしている分野が、僕の場合はロボット研究である。

人類はなぜ壁画を描いたのか

かつて産業革命のころ、ジョージ・モアは蒸気で動くロボットを提案した。蒸気で動く人間型のロボットである。時計の技術が開発されたころには、「オートマタ」と言われる機械じかけの人形、時計の技術で動くロボットが作られている。これらは展示物、おもしろい飾り物としては意味があるかもしれないが、蒸気機関や時計としての意味をほとんど持っていない。

しかし、意味をもたなくとも、つねに人間は、人間らしいものを作ろうとしてきた。新しい技術が生まれるたびに、それを応用して人間のかたちに作り直し、人間の能力が新しい技術によって再現でき、発展できるかもしれないと思いながら、技術開発を進めてきたのだ。技術はつねに、新しい人間理解をもたらすと期待されてきたのである。

そうして人間は先人の「経験」や技術を継承して共有し、そしてまたあとに続く者に新しい何かを残し、死んでいく。

そもそも人類は、その歴史の初期から、記憶の外部化を行ってきた。

たとえば現存する人類最古の芸術と長らく言われていたのは、ラスコー洞窟の壁画である。約一万五〇〇〇年前に、クロマニヨン人によって描かれたとされている。近年、インドネシアでそれより古いとされる洞窟壁画が見つかった。

ほかの動物は、自分が見たもの、想像したものを絵に描いたりしない。「ゾウが絵を描く」などと言うこともあるが、あれは調教して描かせているだけだ。絵を描きたいと自発的に思って描いているわけではない。絵にしろ、日記にしろ、記憶を外在化させる行為は、人間にしかできない。

そうやって、ひとは、自分たちの経験や考えを普遍的なものに変換し、残そうと努力をする。人間は記録する動物なのだ。

なぜそんなことをするのか。

人間の命には限りがある。永遠の存在ではいられない。ゆえに「人とは何か」についての仮説を考え、絵を描き、言葉を紡ぎ、記録として残していく。重要なのは、表面的な姿かたちではなく、その人間の「中身」をできるだけ表現しようと努力してきたことである。たとえば新約聖書は、イエス・キリストがなにを言ったか、どう考えたかを拾い出し、外在化したものだ。

人類は「人とは何か」という問いかけに対する答えを、延々と求め続けてきた。だからこそ、自分の中身を外側に残そうとする。後世に遺すことで「私たちはここまでわかった。

これからの人たちは、この先がもっとわかるようにがんばってほしい」と伝えているのだ。

僕は、記録と芸術的な表現活動を分けて考えていない。表現は、自分のなかのなにか――まだかたちになっていないものをあらわすものだ。芸術とは、一種の記録なのだ。人間はなぜ歴史や過去の記録、あるいは芸術に興味を持つのか。なぜわざわざ勉強するのか。そこに人間の写像がある気がするからだ。自分がまだ知らない「人間とは何か」のヒントがあると思うからだ。自分が考えるだけでは足りないから、先人の知恵を借り、社会の中でさまざまな人と記憶を共有する。集合知を使って、より正しい答えに近づこうとする。この本もまた、そのために存在している。

技術は、人間の身体的な制約を克服するものである。だがそれだけではない。技術もまた、さまざまな人の知識が結晶化された一種の「記録」なのだ。ひとりの人間が個別になにか作業をするよりも、先人が築きあげた技術を用いれば作業時間もかからない。技術を使えば、より効果的に、人間についての知見を集めることもできる。

機械やロボットが人類史において持っている本当の意味は何か。これらは、長い時間をかけて人類が積みかさねてきた歴史、多くの人間がバラバラに行ってきた多種多様な脳の活動をすべて集約し、人を理解しようとすることに通じている。

それが技術だ。壁画に始まり、人類はさまざまなものを通じて、ひとりひとりが独立して考えていては克服できなかった問題をのりこえながら、徐々に人の理解に近付いている。記録や芸術を遺すことで、そのひとは永遠に生きられる。

技術開発を通して人の能力を機械に置き換えているのが人間の営みであり、その営みは「人間はすべての能力を機械に置き換えた後に、何が残るかを見ようとしている」と言いかえられる。ロボットは「人間を理解したい」という根源的欲求を満たす媒体なのだ。

ロボットによって物理的な生活はどんどんラクになり、人間は一生懸命からだを動かさなくてもよくなる。あらゆる仕事をアンドロイドが肩代わりしてくれるようになる。

生活が豊かになれば、人間が考える時間は必然的に増える。お金を稼ぐのはロボットになり、ひとびとはむしろ貨幣には変えがたい知識を生みだし、共有することに価値の重きを置く。そのような人間らしい社会が来るはずだ。ロボット化社会は、貨幣的な価値にそれほど重きを置かない社会になる。ロボットが普及する次の一〇年、二〇年は、ひとびとが哲学者になる時代ではないか。僕はそれに先んじて、すべての人間を哲学者にしたいのだ。

エピローグ

僕は、ある高校生から相談されたことがある。「私は、自分の命に価値があるとは思えないんです。まわりはみんな私よりすごいひとばかりなのに、みんな『お前には価値があるよ』と言ってくる。全然納得ができません。本当に人間には価値があるんでしょうか。私の命に、価値があるんでしょうか？」と。

しかし僕自身の命だって、価値があるかはわからない。

その価値を探すために生きている。自分は何者なのか、人間とは何者なのかを問いつづけることが、唯一、人間がこの世に生きる意味だ。それ以外に意味はない。食べる、寝る、セックスする——これらはひとにしかできないことではない。ほかの動物にもできる行為に「人間」固有の価値は宿らない。

何も考えなくなってしまったら、ひとは、死んでいるのといっしょである。価値を探すのをやめた瞬間に、価値を持てる可能性はゼロになる。だからそれを探すために僕は生きている。君も自分の価値を探すために生きてほしい。僕は高校生に、そう伝えた。

ここまで、僕たちが開発してきた様々なロボットを紹介してきた。来たるべきロボット化社会を論じてきた。違和感や反発を覚えた人もいるだろう。だがこれらこそが、僕がロボット研究をしながら考え抜き、見つけてきた「人間の条件」の一部なのだ。

僕は今もまた、さらにあたらしいロボットをつくっている。

ひととひとがつながる、最低限のメディアとしてのロボットである。

人間には、ひととのつながりを大事にする部分がある。その部分だけを表現し、ほかのところはすべてそぎ落としたような、人間の社会性だけを丸裸にしたロボットにしたい。

そのためには「生きている」という感覚が大事だろうと思っている。言いかえれば「生きているロボット」を作りたい。「そのロボットを壊してください」と言ったら、「生き物を殺すみたいでイヤだ」と言われるようなロボットを作りたいのだ。

そしてその生き物は、言葉もしゃべらないのに、みんなとつながっている。僕には、しゃべることはそんなに大事なのか、という疑問がある。ひとがさみしさを紛らわすために、ひととつながるために、言語活動は本当に必要なのか。それを検証するためにも、言葉を使わずにつながりを感じさせるしくみを考えている。役に立つ機能を持たないし、ペットとも違う。

生きていて、つながっている。それだけの、ミニマルなメディアを作りたい。見かけや機能については、まだ内緒だから言えない。僕がこれまで作ってきた、どのロボットとも違う。しかし、ハグビーやテレノイド以上の、何か衝撃的なものを考えている。

こんなふうに僕は、死ぬまで考え続けるだろう。

みなさんも、そうであってほしいのだ。

考え続ける限り、人間は、他の動物とも、ロボットとも違う存在でいられるはずだ。

石黒 浩（いしぐろ ひろし）

1963年、滋賀県生まれ。山梨大学工学部卒業、同大学院修士課程修了。大阪大学大学院基礎工学研究科博士課程修了。工学博士。現在、大阪大学大学院基礎工学研究科システム創成専攻教授（特別教授）。ATR石黒浩特別研究所客員所長（ATRフェロー）。JST ERATO石黒共生ヒューマンロボットインタラクションプロジェクト研究総括。人間酷似型ロボットの第一人者。著書に『人と芸術とアンドロイド』（日本評論社）、『ロボットとは何か』（講談社）など。

文春新書

1057

アンドロイドは人間《にんげん》になれるか

2015年（平成27年）12月20日　第1刷発行

著　者　石　黒　　浩
発行者　飯　窪　成　幸
発行所　株式会社　文　藝　春　秋

〒102-8008　東京都千代田区紀尾井町3-23
電話（03）3265-1211（代表）

印刷所　大　日　本　印　刷
製本所　大　口　製　本

定価はカバーに表示してあります。
万一、落丁・乱丁の場合は小社製作部宛お送り下さい。
送料小社負担でお取替え致します。

ISBN978-4-16-661057-0